ダットサンの忘れえぬ七人
SEVEN KEY PEOPLE IN THE HISTORY OF DATSUN

設立と発展に関わった男たち
The Men Behind The Foundation & Development Of The Brand.

下風 憲治 著 Kenji Shimokaze　　片山 豊 監修 Yutaka Katayama

MIKI PRESS
三樹書房

KWAISHINSHA MOTOR CAR COMPANY, LTD.

Nagasaki-mura, Ochiyai, Tokyo, Nippon.

第一機械工場　　　　　　　　　　　　　　　　　　　　　　　MACHINE SHOP.

MANUFACTURERS OF THE

1921

株式會社快進社型錄

東京府北豊島郡長崎村に所在していた株式会社快進社によるカタログの表紙。工場の写真の他、中面ではエンジン等の仕様が紹介されていた。

4名の人物で最右の人物がウィリアム・ゴーハム。後ろに写っているのは、大阪の実用自動車製造による、「ゴルハム式実用自動車」で三輪の車。

「箱型DAT五人乗り自働(自動)車」のエンジンは、直立4気筒で13馬力とある。大正10(1921)年の快進社カタログより転載。

ダット自動車製造時代のカラーカタログで、車は「ダットソン號(号)小型自動車」で国産であることや、運転手免許不要であることが記載されている。

左　DAT41型3／4トントラック
　　大正13(1924)年

中　DAT61型1トン車
　　昭和4(1929)年

下　昭和7(1932)年における、
　　箱根試運転中のダットサン。

ダツトサン自動車

製造所は	我國最古最大のダツト自動車製造株式會社の製品です
實習内容は	多年の研究と實地試験の効果完成された優秀品です
運轉免許は	全國無免許です又六才扱ひ事業の免許も要しませぬ
エンヂンは	水冷却磁石分電式四氣筒高級搭載して有ます
傳達装置は	完全なる總速機とデイフェレンシヤルを装備してあります
ブレーキは	制動力偉大なる四輪ブレーキ式です
電気装置は	完全なる國産自働發電發動装置並に高壓發火式です
年額税金は	僅かに甘八圓であります
運轉取扱は	操縦極めて容易にして構造の運轉も自由
運轉經費は	燃料消費少く一ガロン五十粁以上走行出来ます
最速達力は	時速四十哩、發展力又絶大であります
車量寸法は	全長2,800粍 全巾1,175粍

通學に 通勤に 商用に 社交に 種々に スポーツに

自動車らしき自動車
氣易く乗れる自動車
ダツトサン

遠雨寒露御申越次第御信期申上ます

どなたにも乗れる自動車
無免許運轉・國産高級小型

スピードスター	¥ 1,150.00
ロードスター	¥ 1,250.00
フエトーン	¥ 1,250.00
ハーセルカー	¥

東京-大阪渡

製造元 **ダツト自動車製造株式會社**
日本一手販賣 **ダツトサン自動車商會**
東京市京橋區銀座西四ノ五(銀座交叉點際)
電話 京橋 (56) 五七〇七番
サービス部 東京市芝區新橋田町廿二(櫻田本郷町際)

ダツトサン自動車商会によるカタログで、スピードスター1150円、ロードスター1250円などの販売価格の記述に注意してほしい。最高速度は40キロで発表されており、全長は2800ミリで全幅は1175ミリと小型であった。

ダットサンのロードスター。年式は不明だが、自動車工業会で保管されていたこの写真には昭和11(1936)年と記述が残っている。

片山豊が誕生に深く関与したダットサン・スポーツDC-3。昭和27(1952)年に作られたダットサン最初のスポーツモデル。

すでにスポーツカーに大切な視界の良さや、重量配分が理想的であることが語られ、可倒式フロントガラスや独自のサイドブレーキなどの説明がされている。

日本で印刷されたダットサン／ニッサン輸出モデルの総合パンフレット。
フェアレディSPLが紹介されているので、1958年から61年頃までの期間に製作されたものだろう。海外向けに実用自動車製造を吸収し、ダット自動車を設立した大正15 (1926)年をニッサンの創業としている。

ダットサンの忘れえぬ七人

序文

DATSUNを愛する方々へ

　私は、世間に出まわっているDATSUNの話等では無く、自動車を創りたかった人々と、其れを助けて商品の容(かたち)に造り上げ、其れを引き受けた足跡、その後日産自動車が創立され、DATSUNの自動車が世界に通用して磨き上げられ、先進諸国からも賞賛を博する迄の正確な筋道の歴史を描き上げて呉れる人は居ないかと、永らく探していた。

　著者の下風憲治君は、プリンス自動車と日産が合併した事で日産の文書課に勤め、日産の重要な仕事に携わって三〇年余り自動車社会を真剣に見詰めていた、数少ない静かな勉強家である。

　話してみると、自動車に対する真面目な考え方と、日本の工業史観に就いて共通な感触を得たので、彼には、ACADEMIA EUREKA（アカデミア・

ユーレカ）と云う私的なシンポジウムに、招待するまでも無く直接企画に参加して貰う事にしてしてしまった。

下風君は、私が夢見ていた人物と焦点がピタッと合ってしまったのだ。其処（そこ）でDATSUNに関する最も詳細な筋目の立った歴史を書く事を依頼、考えてみれば、思い立ってから一五年を経過して、漸く其の人に会う事が出来たのである。

然（しか）して遂に、DATSUNに関する、かつてなかった内容の本が出来上り、出版が実現した。下風君の継続的努力の成果に満腔の敬意を表し、自動車界を始めDATSUNを愛する諸兄に慶んで頂きたい。

二〇一〇年二月

片山　豊

目次

序文　片山豊　2

はじめに　6

一　橋本増治郎　Masujiro Hashimoto　(一八七五-一九四四)

一　渋谷村広尾八八番地　　二　農商務省、海外実業練習生　　三　田、青山、竹内（DAT）、三人との出会い　　四　DAT（脱兎）自動車の完成　　五　いつかこの地は花に満ち、人々は誇りもち歩く　　9

二　田健治郎　Kenjiro Den　(一八五五-一九三〇)

一　狭く険しかった中央官吏への道　　二　高知・神奈川・埼玉の若き県警部長　　三　田健治郎の日露戦争　　四　田家三代の男達　　43

三　青山禄郎　Rokuro Aoyama　(一八七四-一九四〇)

一　青山の日露戦争　　二　ヒーリング商会東京支社長　　三　残照は今の世に輝く　　59

四　竹内明太郎　Meitaro Takeuchi　(一八六〇-一九二八)

一　会議に席次を設けず　　二　父、竹内綱　　三　工業は富国の基　　四　早稲田理工科の寄付　　五　無名の英雄の死　　79

五 鮎川義介 Yoshisuke Ayukawa (一八八〇-一九六七)

一 「貴様はエンジニアになれ」 二 異色の経営者の誕生 三 久原鉱業の経営危機
四 「ダット乗用車完成」のニュースが 五 ダットサン・ブランドを世に広めた人達
六 自動車製造事業法の成立 七 満州重工業の挫折 八 鮎川、八八年の履歴書と決算書

……97

六 ウィリアム・ゴーハム William R Gorham (一八八八-一九四九)

一 天才エンジニア、日本へ行く 二 アメリカン・エンジニアリングの神髄を日本へ
三 天皇陛下地方巡幸の初日に 四 帰化日本人、多磨霊園に眠る

……149

七 片山豊 Yutaka Katayama (一九〇九-二〇一五)

一 その日、ダットサンがオフライン 二 戦後の暗い夜空に輝いた一番星、ダットサン・スポーツ
三 「東京でモーターショウをやろう」 四 オーストラリア・ラリーに挑戦する
五 「あなたが先に儲けて欲しい」 六 「ミスターK」がアメリカに残したもの
七 ニッサンの国内販売不振の原因 八 「ダットサン・ブランド」を消し去ったのは
九 ミスターK、自動車の殿堂に入る 一〇 いつの日か再びダットサンを

……183

おわりに 片山正子 …… 243

新訂版刊行に当たって 247

資料・写真協力 ニッサンフォト／日本自動車工業会自動車図書館／日本自動車殿堂／二玄社／鈴木一義／清水榮一／自動車史料保存委員会（順不同・敬称略）

はじめに

今、ダットサンの父、日産自動車の創業者、鮎川義介を知る人は少ない。ダットサンの祖父である橋本増治郎になると、痕跡は、限りなく零に近い。辺境の開拓に挑戦した栄光ある男達なのにである。これは何故なのだろうか。

会社の歴史は、体温や表情のない「組織」が主人公になる。私は、ダットサンの物語を「人間」物語として書いてみたい。日本工業の辺境にまっすぐに伸びた一本の道。切り拓いた男達の喜怒哀楽。雪の上の足跡を辿りながら、彼らの夢と生きる姿勢を描いてみたい。彼らは、日本の工業の最前線、最も苦難の道を拓いてきたのかもしれない。

自動車は「国際商品」である。たとえ、産声をあげたばかりの産業であっても国際競争のメインステージで優劣を競い合わなければ生存は許されない。

日本では駕籠に乗り、大名が東海道を参勤交代のために往来していた頃、欧

米では鉄道網が国土を縦横に走り、鉄鋼業や工作機械工業が急速に整備されつつあった。そして、「二〇世紀は自動車の世紀」であった。「近代工業を創るには、自動車工業を確立する他に道はない」。欧米列強は国の威信をかけ、自動車工業の優劣を競いつつあった。

一方、日本には「工業（インダストリー）」という言葉がなく、唯一の類語（るいご）が「鍛冶（かじ）」の業、江戸期からの刀鍛冶（かたな）、鉄砲（てっぽう）鍛冶、野（の）鍛冶が自動車を支える関連工業の全てであった。日本と世界、その間には大きな隔たり、言うなれば広大な荒野があったのだ。

はじめに、荒野に最初の鍬を入れた橋本増治郎の足跡を辿（たど）ることにする。

「時」は、日露戦争勝利の六年後の明治四四（一九一一）年。「場所」は東京の広尾。日本の戦後を軌道にのせ、今なお人気の高い名宰相・吉田茂の屋敷が、ダットサンの根（ルーツ）だった。

そして、そこは江戸期に遡ると、信州・高遠藩三万石、保科弾正の屋敷。藩主、保科正之は、徳川第二代将軍秀忠の四男、第三代将軍家光の異母弟で後に、会津若松二三万石の藩祖となる。

今も世界に誇りうる日本の精神文化、「武士道」。幕末、その精華を体現し、唯一、潔く散って武士の時代に幕を下ろした会津の男達。保科正之は、その会津士魂を培った名君として知られている。

著　者

本書は二〇一〇年三月に発行された『ダットサンの忘れえぬ七人——設立と発展に関わった男たち』の新訂版です。本文の記述内容は、二〇一〇年当時のものであることをご了承ください。　編集部

橋本 増治郎

写真・日本自動車殿堂

Masujiro Hashimoto
1875-1944

ダットサン
ダットサンの忘れえぬ七人

一 渋谷村広尾八八番地

東銀座から地下鉄日比谷線でおよそ一〇分、広尾に着く。地下鉄駅から道をはさみ木立が見える、聖心女子大である。駅の左手「アンリツ」の本社前を通り、五分ほど歩くと天現寺橋交差点に至る。「天現寺橋」と言うのは、ここに川が流れていたことを物語る。渋谷川である。

天現寺は今もある。禅宗大徳寺派の古刹で江戸時代から毘沙門天が有名だった。天現寺の右側に、一四階建ての広尾五丁目アパートと小さな公園がある。

両者を合わせた土地の広尾八八番地に、戦後のワンマン宰相、吉田茂の屋敷があった。吉田は竹内明太郎の実弟ではあるが生後、父・竹内綱の友人、横浜の貿易商・吉田健三の養子となる。後に養父が亡くなり、若くして莫大な遺産を相続する。

吉田は気位が高く、利かん気の気難しい少年だった。耕余義塾（藤沢）、日本中学、高等商業学校、正則英語学校、東京物理学校……。現在の一橋大学も、夏目漱石、『坊ちゃん』の主人公の出身校の名もあるが、いずれも校風が気に入らず中学校時代は転校を繰り返した。学習院中等科六年に編入し、やっと腰が落ち着いた。

当時、学習院は四谷尾張町にあり、院長は公爵、近衛篤麿で、華族子弟の外交官育成に力を入れていた。吉田は貴族的で自由な校風が気に入ったらしい、高等科・大学科と外交官用のお屋敷への道を歩んだ。

その頃の吉田家は横浜・南太田にあったが、学習院に通学のため若様用のお屋敷が広尾に建てられ、ここから白馬に乗って学習院へ通い、本籍地も移してしまった。

明治四四（一九一一）年七月一日、吉田屋敷の一角に小さな町工場が店開きをした。総員七名、敷地は一四〇坪、事務所・製図室合わせて四九坪のささやかな工場。

「快進社自働車工場」である。工場主の名前は「橋本増治郎」、当時三七才。

浅草蔵前の東京工業学校を卒業、アメリカで工業を学んだ新進気鋭のエンジニアだった。頭上にはいつも「カンカン帽」があり、彼の高潔な大志を物語っていた。

ニッサン（日産自動車）は平成二二年に創業七七年を迎えるが、橋本の快進社はその源流であり、ここが出発点とすれば、創業九九年、会社創立七七年といえよう。

当時の日本は、自転車三一万台、人力車一三万台、自動車は二四八台。日清・日露戦争に勝利したとはいえ、まだ路上で目にするのは馬車と荷車・人力車だった。自動車は、ごく一部の上流社会の人達のもので、大多数の日本人はその姿さえ見たこともない頃だった。

日本でも橋本の前に自動車の製作を試みた先駆者がいた。日本自動車工業会編の『日本自動車工業

史稿』に、パイオニア達の物語が詳しいが、代表二名を紹介する。

日本で最初に自動車を製作したのは、岡山の電機修理の工場主「山羽虎夫」である。山羽は岡山に生まれ、横須賀の海軍造船所や東京の逓信省電気試験所で機械を学んだ。結婚し岡山に戻り「山羽電機工場」の看板を揚げ、機械の修理・改造の注文に応じていた。

発明家で天才的な技術者だった山羽は、明治三七年日露戦争開戦の頃、独学・自力で一〇人乗りの「蒸気式バス」を作り上げてしまった。参考となる手引書や資料もなく、助手の工員はただ一人。ロクロ式の足踏旋盤二台と、工具はハンマーとスパナだけである。その写真は今も残されている。蒸気機関が動き、何人かの人も乗れた。明治という時代と男達の天を衝く心意気が伝わってくる。

しかし、弱点はタイヤだった。市販のソリッドタイヤを求め、リムに四ヶ所ボルト締めにしたが、走るとタイヤが伸びて波うち、はずれてしまう。

やっとのことで目的地まで、一〇キロほど走ったが走行はこの一回だけだった。バスの営業には使えず、注文主の倉庫の中でその生涯を終えた。

ガソリン車の第一号は、明治四〇(一九〇七)年、吉田信太郎経営の東京自動車製作所の技師「内山駒之助」によって作られ、有栖川宮家に納められた。

俗称「タクリー号」、正式名称「国産吉田式」と呼ばれているクルマであり、一〇台製作された。

但し、エンジンは国産か輸入品かは不詳。

内山駒之助は一四才の時、機械の勉強のためロシアのウラジオストックに渡り、機械工場で働く。その工場に自動車が一台あり、その修理を手伝いながら自動車の技術を身につけたという。帰国後は山羽虎夫もいた東京・木挽町の逓信省電気試験所に勤める。内山は歌舞伎座前で市電を降り、木挽町一〇丁目の農商務省（現・ニッサン本館）の前を通り、木挽町八丁目の逓信省（現「銀座・吉兆」、「竹葉亭本店」のある一帯）に通っていた。

途中の花街、新橋の料亭街の角（かど）に立派な屋敷があり、庭先で一人の紳士が自動車をいじっていた。「吉田信太郎」である。内山は立ち止まり見物、それはこう、ああだと話しかけた。自動車という共通の恋人、二人が意気投合するには時間はかからなかった。それがやがてタクリー号の誕生となっていく。

好奇心・探究心が旺盛、燃えたぎる熱意で昼夜を分かたず自動車製作に取り組む。機械工場と事務所は京橋区木挽町四丁目九番地。現在は銀座みゆき通り、木挽橋交差点近く、「弘電社」の本社ビルが建っている。ボディーの組立工場は二人が出会ったあの屋敷、東京府知事の公舎（現在の日鐵木挽ビル）の庭先にあったから、ニッサン本社からコンコンと鈑金をたたく木槌（きづち）の音が聞こえただろう。

明治の末頃、この他にも、町の発明家や機械好きの男達が自動車の製作にチャレンジしているが、悪戦苦闘の結果、一、二年のごく短期間に夢破れ挫折している。

部品工業も機械工業もなく、資金も乏しい、砂漠に種を蒔き花を咲かせるような時代だった。自動車ができても買ってくれる人はいない、舶来品への信仰が絶大だった頃である。

二 農商務省、海外実業練習生

橋本は明治八（一八七五）年、現在の岡崎市に生まれた。岡崎は徳川家康の生誕の地、本多、大久保、板倉、大岡などの「三河武士」ゆかりの地である。領地は五万石、しかし歴代の藩主は、講談、物語に登場する本多平八郎忠勝の直系子孫だった。

増治郎少年は、本多平八郎忠勝の武勇や大久保一族の忠義などの三河武士の物語りを、幼い日々に夜毎聞かされて育った。

「武勇を重んじ、信義に厚く、苦難に耐え、簡素第一に生きる」

三河武士の血が色濃く橋本増治郎に流れ、その精神の背骨（バックボーン）をなしている。

今も橋本家に保管されている。席次は一番、特に数学、図工、英語が良い。あだ名は「はくらい頭」、当時、優れものは舶来である。隣町の挙母（ころも）（現・豊田市）から生徒が先生に引率され訪問した折、増治郎少年が代表し、英語で歓迎の挨拶をしたが、原稿を持つこともなく、態度も要旨も実に立派なので、学校の名声を高めたという。

14

青山禄郎とは同級、学校近くの青山の生家でよく一緒に遊んだ。二人の友情は生涯変わることはなかった。

「増治郎君は岡崎に埋もれさすには惜しい少年、是非東京へ出してあげなさい」菅井良吉校長が父と兄を説得してくれた。幸いにも東京・本郷・森川町（東大正門前）の旧岡崎藩主、本多子爵邸の傍に「龍城館」という寄宿舎を設けていた。橋本家は士族ではなかったが、大橋本と呼ばれ屋敷門と玄関がある名家であり、龍城館に入ることを特別に許された。

明治二四（一八九一）年、東京工業学校機械科に入学。午前は講義、午後は実習。実習には鍛治・仕上（しあげ）・鋳造があり、生徒は鍛治の向槌打（むこうづちうち）・鋳物の砂振（すなふ）りなどの重労働の毎日。帰途は身体がへとへとだった。浅草・蔵前のこの学校から、橋本を先達として工業の黎明期に活躍する人材が巣立っていく。

橋本はここでも主席だった。

卒業生四五名の進路は紡績・一三名、鉄道・一〇名、造船・六名、製鉄・二名などだった。橋本は唯一人兵役に、高等教育の修了者は一年でよかったが、日本国民と同じ三年兵役を志願した。名古屋・第三師団工兵隊で兵役を終え、「住友別子銅山」に就職、鉱山での機械の修理を担当した。

別子銅山は昭和四八年に閉山となったが、住友系企業の源流となった銅山だった。明治初期、「石

炭の高島、銅の別子」は日本で最も近代化と機械化の進んだ鉱山であった。

しかし橋本は二年で退社する。別子は当時、煙害問題や大水害のため経営が曲がり角にあり、そして何よりも橋本は自主・独立の意志が強く、鉱山機械の番人で毎日が終わる、平穏な生活が耐え難かったのである。

明治三五年、東京工業学校・手島精一校長の推薦により「農商務省海外実業練習生」に選ばれる。橋本のアルバムには、結婚式の写真の次に手島校長のサイン入り写真を配し、「恩師、一生お世話になった東京工業学校長」と記されている。

「海外実業練習生ヲ命シ練習補助費月額五拾円給与ス　明治三五年二月一七日、農商務省」

当時の農商務省は木挽町一〇丁目七番地。関東大震災で炎上、霞ヶ関に移転するまでここにあった。橋本は辞令を手に采女橋の上に立っていた。日本の工業のために一身を捧げることの喜び。熱い思いの橋本の胸に海からの潮風が心地よかった。今ここに本社のある会社の歴史は、そのときに始動していたのだ。

海外実業練習生は、高等教育を受け民間に働き将来の指導者となる青年に、海外で実地に勉学の機会を与え、日本実業界の若芽を育成しようとする施策だった。東京工業学校からは年一名、それまで

に三名の先輩が欧州に派遣されていた。

橋本は新興の工業国、アメリカを志望した。紐育(ニューヨーク)帝国領事館の紹介で、フィラデルフィアの造船、工作機械、鉄道車両など、いくつかの会社を見学する。

その中には「ブリル自動車工場」の名前もある。蒸気自動車の工場を親切に案内され、カタログも貰うが、この頃の橋本の関心は自動車には無かったようである。

世界的な機関車の製作会社「ボールドウィン社」に勤めるが、大規模すぎて二週間で退社。その後、オーバン市の小規模な蒸気機関の製作会社「マッキントッシュ＆シーモア社」に勤務。当初二年は現場、機械加工と組立、三年目は設計を担当した。

橋本は、日曜日には近くのメソジスト教会に通っていた。聖書の勉強というよりは、バビット牧師の話から産業社会における指導者のあり方を学んでいた。橋本は印象深かった言葉として日誌に「高潔なる大志(ノーブル・アンビション)」と記している。橋本が聞いた〝大志(アンビション)〟とは、「辺境(フロンティア)」に生きる人達の心のあり方だった。

辺境では、寒さや飢えと闘い、寂しさと共に生きねばならない。大志とは、寒さから心を温める胸中の灯であり、寂しい時の語らいの友だった。

二〇世紀初頭のアメリカ、西部の未開地はなくなっていたものの「新しい辺境(ニューフロンティア)」が広がっていた。工業が生まれ、新しい産業が誕生していたのである。

橋本の英文日記に最も多く登場するのは極東情勢で、日露戦争がはじまっていた。民族の運命がこの一戦にかかり、敗北はそのまま民族の滅亡を意味すると信じていた。貯えの中から、母親「くら」の名前で日本赤十字社に一五〇円を寄付。また、日本政府の外国債を二〇〇ポンド購入した、二〇〇〇円以上の大金だった。橋本の毎月の生活費を二〇〇ポンド購入した、二〇〇〇円以上の大金だった。橋本の毎月の生活費を三〇～四〇円、これでも日本に比べ豊かな生活が出来た。収入は海外実業練習生として領事館から毎月五〇円の送金があり、マッキントッシュ社からの給料が七五円だった。橋本にはいざという時に備えて、かなりの蓄えがあったのである。

気掛りもあった。マッキントッシュ社への蒸気機関の注文が減っていたのだ。大型の蒸気機関から、小型・簡便で熱効率の高い「石油機関」への変化が原因だった。街を走る自動車も蒸気自動車から「ガソリン自動車」へと、その主役が変わっていた。

その流れを決定づけたのは、一九〇一年テキサス・スピンドルトップの大油田発見とオールズモビル社の「カーブドダッシュ」の発売で、一五六五cc、四・五馬力で六五〇ドルの廉価だった。安くガソリンが手に入り、自動車は大衆の手に届く領域に近づきつつあった。

映画「ジャイアンツ」で、ジェームズ・ディーン扮する牧童が大油田を掘り当て狂喜するシーン、そのモデル、スピンドルトップの大油田発見は、「二〇世紀はアメリカの世紀」の幕開けであった。

日本の文明開化は黒船と鉄道、蒸気機関にはじまった。橋本が東京工業学校で学び、アメリカで修行した蒸気機関の技術が時代遅れになっていたのだ。

橋本は、マッキントッシュ社から二ヵ月の長期休暇を貰い、ニューヨークへ向った。領事館を訪ね、日露戦争についての最新情報を聞いた。名古屋・第三師団の予備役には動員令が発令されていなかったが、橋本は除外申請をする意志のないことを告げた。海外実業練習生は日本政府の公式研修生、申請により動員除外が認められているとのことだった。

マッキントッシュ社の現状を話し、今後の相談をした。

「シカゴ・デトロイトに行ってごらんなさい、ヘンリー・リーランドという人を紹介します」

北東部の諸都市、なかでもフィラデルフィアは南北戦争の前後、アメリカ工業の中心地であり、造船、造機、鉄道車両製作などの工業が盛況だった。

しかし橋本がアメリカの土地を踏んだここ数年間、かつての繁栄に影がさしていた。蒸気機関からガソリン機関へ、そしてもう一つの変化、工業の中心地が北東部の都市・ボストン、ニューヨーク、フィラデルフィアから、中西部のシカゴ、デトロイトへと移っていたのである。橋本のいたオーバン市は北東部の都市とデトロイト、シカゴを結ぶ幹線の中間地点にあった。

シカゴは「摩天楼」のような高層ビルが盛んに建設され、ルイ・サリバンなどシカゴ派と呼ばれる建築家が活躍していた。後に日本で帝国ホテルを設計するフランク・ロイド・ライトもその一人だった。摩天楼から地上を見下ろした橋本の目に、列をなし前へ後ろへと自動車が人と物を運ぶ光景が強く焼きついた。

デトロイトは「モーターシティー」になりつつあった。ロコモビル、スタンレィ、コロンビア、ポープなどの蒸気自動車は北東部の州で作られていたが、「オールズ」「フォード」「キャデラック」、「ビュイック」などのガソリン自動車の工場はデトロイトに集まっていた。

デトロイト周辺のミシガンの森は硬木を産し、昔から馬車、荷車の製造が盛んで、五大湖の要衝（ようしょう）にあり、船舶エンジンの修理、製作など、機械工場が多く、部品工業を必要とする自動車工業の立地に適していた。ガソリン自動車は内燃機関、その「キー・テクノロジー」は鋳物技術である。五大湖の冬は寒く、大型で火力が強い鋳鉄のストーブが盛んに造られ、そのためデトロイトには木型工、鋳物師などの腕の立つ職人達が揃っていたのだ。

キャデラック社のヘンリー・リーランドは白い顎髭（あごひげ）の技術者だった。部品の精度を測定してみせながら、橋本に「精密」（プレシジョン）と「互換性」（インターチェンジャブル）の重要性を語った。機械工場では自ら機械のハンドルを操作し、エンジンの加工法を説明してくれた。

彼は大学出の技師ではなかったが、エジソン、フォードと同じくアメリカの工業を創った「穀物小屋の技師達」(Barn engineers) として畏敬され、「デトロイトの親父」(The grand oldman of Detroit) と呼ばれ人々から敬愛されていた。

日露戦争当時、紐育帝国領事館は、こうしたアメリカの工業の事情にも通じていたのである。これからの時代の主役は内燃機関、自動車である、自分の進むべき道はこれだと確信した。しかし橋本にはデトロイトで自動車を勉強しなおす余裕はなかった。日本から電報が届き、名古屋第三師団から予備役の動員令が伝えられていた。天皇と国家のために一身を捧げることが、何よりも名誉であり、男の大事であった。

マッキントッシュ社の仲間は橋本との別離を惜しんだ。ロシアは世界最強の陸軍国であり、世界最大の海軍国であった。日本が大国のロシアに勝てるとは、オーバン市の人々は誰も考えなかった。日本の敗北を予想し、別離を悲しみ、前途ある橋本の未来と才能を惜しんだ。帽子が廻され募金が集められ、コネチカットの時計会社に懐中時計が特別に注文された。銀の裏蓋にはマッキントッシュ＆シーモア社の人々のサインが刻まれた。

一九〇五年四月、橋本はオーバン市に別れを告げ、ニューヨーク経由で日本への帰途を急いだ。

三　田、青山、竹内（DAT）、三人との出会い

橋本は名古屋第三師団・第三工兵大隊に応召するが、技術将校に抜擢され、「東京砲兵工廠」に転属、「機関銃の改良」を命じられた。

日露戦争の旅順攻防戦、乃木将軍を苦しめたのはロシア軍、チェコ製の機関銃だった。それに対し、日本軍の機関銃は銃身が焼け、弾が詰まり連続射撃が出来ない。工業力、技術力の差であり、材質と加工技術の遅れが要因だった。夜を日に継いで改善にあたる、ここも戦場だった。

明治三八（一九〇五）年九月、三ヵ月で戦争が終結した。

橋本は押上工廠長から「中島工場」技師長を依頼された。中島工場は砲兵工廠に銃器製作用の旋盤・フライス盤を納入していた。

日露戦争後、日本陸軍は陸軍工廠を維持するため、外部発注を打ち切り、内製への転換を図った。今でも軍需工業の平和産業への転換は難事である。日露戦争後の経済不況も重なった。

そして最も障害となったのは、明治日本の「舶来信仰」だった。当時の官庁・企業では、外国製の輸入機械が故障したり、性能を発揮しなくとも問題にはならなかったが、国産機械の場合は担当者の

責任が問われたという。（高橋亀吉『日本近代経済発達史』）

神奈川条約以来、日本には関税自主権はなく、明治三七年の条約改正により、自主権が認められていたものの、税率は五％と低く、無きに等しい。

日本は工業の育成より、安い値段で外国製品を購入出来る道を選んだ。日本人が機械を作れるとは、当時の政府も日本の社会も思いもよらなかったのである。橋本の努力もむなしく中島工場の経営は行き詰まり「九州炭鉱汽船」に買収された。

日露戦争の終結により、男爵・田健治郎は三二年間に亙る官途を退いた。いくつかの実業界進出の話しが持ち込まれ、その中に「崎戸炭鉱」があった。乱掘により荒れてはいるが有望だという。

九州炭鉱汽船が設立され社長に就任。しかし田は鉱山には全くの素人、橋本に白羽の矢が立った。

橋本は「自分は機械技師、炭鉱技師ではない」と断ったが、「着炭まで」の約束で就任する。

東京砲兵工廠長・押上森蔵陸軍中将の媒酌で結婚した新妻「とえ」にはこう告げたが、離れ小島で、商店も病院も何一つ無い孤島（長崎県西彼杵郡崎戸村）での新婚生活だった。

別子銅山での経験で橋本には多少の鉱山知識はあった。実地を探索し、土地の古老達の話を聞き、中島工場から工員を呼び寄せ、ボーリングを開始する。しかし、その方法は型破りで、「ボーリング

「長崎にはバスが走っている」

の夜間作業は錐を落とした場合、これを摘出するのに長時間を消耗するし連続作業で機械の点検が不十分のため、根太に緩みを生じて故障が続出する。だから徹夜作業は徒労である」として、業界の常識「探鉱は昼夜兼行の徹夜作業」を採用しなかった。

日没を待たずに作業を停止、機械に注油、点検を行ない、工員には充分な休養を取らせた。新聞は橋本のやり方を「非常識だ」と非難、失敗の予告を記事にした。

『田健治郎傳』によれば、汽車と汽船を乗り継ぎ、片道四日、崎戸炭鉱を前後一四回視察している。一度や二度は橋本の新居で、新妻の手料理を味わいつつ、夜遅くまで語り合ったに違いない。探鉱の計画と実績、技術者としての信念。田が目をかけていた逓信省時代の部下で橋本の親友でもある青山禄郎の話。橋本の自動車にかける夢と決意。

その夜、社長・田健治郎男爵と共に相談役・竹内明太郎の姿もあったに違いない。探鉱は大成功。着炭は二鉱に及び、同業者をして「唖然たらしめた」という。

国立国会図書館の憲政資料室に保管されている田健治郎の日記には「昨日、崎戸来電、坑内試錐五一尺着炭。本日詳報、炭層七尺一寸、炭質良好」、また「夜来暴風雨、坑内出水」などの記述も見られ、それまでの心労が重なっていただけに、田健治郎の喜びの心情が伝わってくる。

盛大な「着炭祝」が催され、のちのダット自動車の車名の由来となる田、青山、竹内、そして橋本。

明治の男達の友情と信頼の絆が固く結ばれていた。橋本の着炭功労金は一二〇〇円であった。（米価を基準に換算すると三三〇〇倍、現在の四〇〇万円となる）

当初の約束通り、橋本は崎戸炭鉱所長を辞し、東京に戻り自動車の勉強をはじめた。

日本の自動車工業の黎明期を語る場合、タクリー号のパトロン・有栖川宮威仁親王殿下と「大倉喜七郎」の名前ははずせない。喜七郎は七年間のケンブリッジ大学留学中、ブルックランドの自動車レースで二位に入賞した日本人レーサー第一号、明治四〇年の帰国に際し、フィアットなど五台の自動車を持ち帰った。その後、タクリー号の販売不振で経営が行き詰っていた東京自動車製作所を支援する。

国産車の製作は断念、工場を芝三田小山町に移し、大日本自動車製造合資会社（日本自動車）に改組し、自動車の修理と輸入車の販売を行なっていた。当時の自動車知識の第一人者である。橋本は大倉喜七郎に相談に行くが、大倉は橋本に困難な事情を指摘し、思いとどまるように忠告している。その理由は、

一、自動車の製作より、部品を製造する方が利益がある。
二、自動車製造は簡単ではない、国の工業全体が進歩することが必要だ。
三、自動車製造はまだ日本には時期尚早。

の三点だった。

しかし、橋本の意志は変わらなかった。橋本の強い意志を知った大倉喜七郎は支援を約束した。外国車の修理に立ち合わせ、エンジンを分解、その原理や仕組み、鋼材の用途と性質を学ばせた。

橋本は、京橋・明石町三一番地、聖路加病院の近くにあった竹内鉱業所を訪ねていた。崎戸時代、竹内から新鮮な野菜が届けられるなど、世話になっていたのだ。竹内明太郎は、橋本の相談に乗り、「年期がかかっても、自信が持てるものを造ることだ。工業は人を育てることが、何よりも大事なのだ。妻子がいる。暮らしが立つ手立てを考えること。自動車の修理などが良いのではないか。資金は田男爵と相談してみよう。土地は心当たりがある、私が引き受けても良い」と助言を惜しまなかった。

四 DAT（脱兎）自動車の完成

明治四四（一九一一）年四月一〇日、宿毛市立宿毛歴史館所蔵の『竹内明太郎日記』に、「橋本増治郎君来社、共に広尾・吉田地所に至り同人に貸与の地所割りをなし六時帰宅」とある。

快進社は麻布笄町一四二番地の竹内家とは徒歩一〇分の近距離、前を流れる渋谷川は芝浦に至る。そこには「芝浦製作所」（現・東芝）があり、流域には工部省製作寮「赤羽製作所」もあった。立地には申し分ないと橋本は思った。

橋本がアメリカで住んでいたニューヨーク州、オーバン市は工業の町だった。通りや家は美しく花で飾られ、人々は工場で働くことに誇りを持っていた。橋本は、工場で働く人達の意識を高めることが工業の発展には不可欠との認識を持っていたが、明治になっても「士農工商」の身分序列が引き継がれていた。そこは「親方（おやかた）・徒弟（てい）」の社会であり、働く人達は「職工（しょっこう）・小僧（こぞう）」と呼ばれていた時代だった。橋本は職工・小僧ではなく「工場員」と呼び、和服に替えて「就業服」を定めた。この服は橋本夫人が横山町まで出向き、生地を求め、ひとり一人の背丈を測りミシンで縫い上げた。山形・上（かみ）の山町の士族・森本家の娘として和裁の心得はあったものの、洋服の裁断は初めてである。生地と一緒に洋裁の本を求め、これを参考に型紙を起こし徹夜で縫い上げた。この手動・卓上式のシンガーミシンは今も橋本家に保存されている。

　快進社自働車工場への出資金は、田健治郎二〇〇〇円、青山禄郎二五〇〇円、竹内明太郎二五〇〇円、橋本増治郎四七〇〇円の合計、一万一七〇〇円。米価を基準に換算すると、現在では二六〇〇倍、約三〇〇〇万円となる。

　設備はフライス盤（ブラウン・シャープ社製）・一台、旋盤・二台（一台は蔵前工業製）。

「機械の素姓（すじょう）は、製品の品格（クオリティ）を物語る」ブラウン・シャープ社製フライス盤は、当時世界第一級の

工作機械であり、橋本のいた東京砲兵工廠にのみ、日露戦争時に一八台輸入されていただけの貴重品である。

『蔵前工業誌』には、ある種の機械を自製していた記述が見られる。優秀な技術スタッフと超一流の設備が揃っており、当時の日本の機械工業では困難な技術課題の時、生徒の実習も兼ねて、特殊の機械を製作していた。市販されないものである。それ故、蔵前工業製旋盤一台は自動車の国産という荒波に船出する橋本増治郎への、校長手島精一と機械科教員一同からの「声援」を意味しているようにも思う。

橋本と工場員小林栄司、倉垣知也、本田新蔵、藤井鉄造、福田龍雄、徳武豊吉、田中市郎の七名。皆、自動車には未経験の素人であり、そのため技能の習熟と訓練が必要であった。

輸入車の組立（英のスイフト、仏のプジョーなど八台の部品を輸入し組み立てた）

自動車修理

日本製実用車の製作

橋本はこれを、工場経営の三本柱とした。

修理車は、四五年に収入・六三一七円、支出・五三二六円を超えている。台数は推定で約三〇台。快進社、工場員七名の平均給料が二〇円の時代、一台が平均し二〇〇円を超えている。自動車はごく一部の上流階級のステータスだったことがわかる。自動車修理の収入は、工場の操業維持の大黒柱となっていた。

《ダット設計一号車》

「外国品の見取り構造によらない独自設計。四気筒、一五馬力、速力二〇マイル」

「設計の大要は、偶々最近設計されつつあるフォードカーに類するは奇というべし」

橋本はフォードと同じ目線に立っていたのだ。予期していたとはいえ、苦難の連続だった。渋谷川の一の橋から古川橋にかけては鍛冶の工場もあったが、部品の製作を引き受けてくれる工場はどこも無かった。頼み込んで承知してもらっても「製作不能」と断りの連絡があり、その繰り返しだった。

特に困ったのは「鋳物」である。木型が出来、やっとの思いで鋳物が吹き上がってくる。しかし、機械加工すると鋳物巣があり、何度やっても完成品が得られないのだ。その頃橋本の設計したのは「水冷」のガソリンエンジンで、構造が「空冷」に比し複雑になる。気化したガソリンが、圧縮・点火・膨張・排気のサイクルを高速で繰り返す。高温となった燃焼室（シリンダー）を、冷却水の水路が取り囲む、いわゆる「ウォータージャケット」と呼ばれる仕組、二重構造になっている。当時の日本の工業水準をはるかに超えた技術。極めて困難な製作課題だった。設計一号車は、空しく挫折に終わった。

四歩後退、二歩前進。目標をV型・二気筒・一〇馬力に下げ、シリンダーは一気筒ずつ鋳造、ボルトで締めつけた。

ホイール、リム、マグネット、プラグ、コード、ボールベアリングを除き国産品を使用。「耐久と

経済との方向により特に設計せる純然たる国産車」が完成した。

大正三（一九一四）年三月、東京・上野公園で開催された「東京大正博覧会」に「DAT（脱兎）自動車」と命名し出品、銅牌を獲得した。田健治郎（D）・青山禄郎（A）・竹内明太郎（T）、三人のイニシャルを組み合わせての命名であった。

ダット一号、最初の試乗者は誰か。それは橋本が龍城館時代お世話になった、岡崎の旧藩主・本多子爵のようである。本多子爵は自動車が初めてだった。

ところが、暫く走って止まってしまった。どうしても動かないのだ。

自動車への好奇心もあり、子供も大人も大勢集まってくる。無理にお願いし乗っていただいたが、冷や汗だった。翌日、お礼に伺った橋本に、子爵はこう声をかけた。

「橋本、昨日は苦労をかけたな、自動車は楽しかったぞ。日本の実業のためじゃ、これからも精進してくれ」

橋本は感涙し、思いは声にならなかった。

田健治郎が試乗したのは、翌年の七月だった。

『田健治郎日記』に「一〇時、橋本増治郎氏来訪、請新造自動車第二脱兎号。即約為皇霊殿参拝乗用、一一時半興篤、装大禮服同乗ヲ脱兎号、参入ヲ賢所、正午参拝皇霊殿、暑気頗烈」とある。

試乗といっても、その辺をひと廻りという訳にはいかない。晴れの舞台の日である。田健治郎男爵は大礼服、長男・篤と共に宮中の皇霊殿（こうれいでん）の参拝を行なった。

「暑気（しょき）頗（すこぶる）烈（はげし）」はクーラーの無い七月、猛暑のせいか、或いはダット号が宮城で故障し、「冷汗三斗」の思いだったかは不明である。無事、恙（つつが）無く田健治郎男爵の試乗が終わったものと思いたい。

「お母さん、お酒あるかい」

DAT自動車完成の夜、橋本は、玄関に出迎えた妻にそう言った。辺境の生活に耐え生き抜いた男とその妻が、生涯忘れえぬ喜びを分かち合った瞬間だった。

大正五（一九一六）年一二月、「ダット四一型」が完成した。苦節三年、当初の目標（水冷四気筒、一五馬力、速力二〇マイル）に到達した橋本の自信作だった。しかし試作車が一台出来たといっても、それが即、工業生産には結びつかない。自動車の部品点数は約五〇〇点。日本の工業全体の水準が向上しないと「量産」は出来ないのである。

一九一六年のアメリカの自動車生産台数は、一六〇万台に達していた。日米の「工業力」の格差もあるが、それ以上に日米の「購買力」の格差があった。

橋本がオーバン市に働いていた一三年前の一九〇三年、フォード自動車会社を設立。フォードA型（二気筒・一・六四七cc・八馬力）を八五〇ドルで売り出し、一七〇八台が売れた。

次のB型は一六九五台、C型は一五九九台と売れ、経営は軌道に乗り、資本を蓄積、T型の本格生産を準備することが可能となった。大正二年の田・青山・竹内の三氏への報告書には「自動車ノタメ、工場ヲ如何ニ今後発展セシムベキカハ依然トシテ難問ナリ。蓋シ、製作工業ハ大勢上、益々多量製造ニヨル価格低廉ヲ以テスル経済戦ナレバ、限ラレタル市場ニ、多種類ノ車ヲ供給スル事ハ難事ニシテ、必ズヤ或種ノ車両ヲ製作シテ、広クソノ販路ヲ開拓スルノ法ニヨラザルベカラズ。而シテ、此ソノ目的トシテハ、一ハ小型ノ実用自動車（自家用車）ト、一ハ運搬又ハ乗合ニ用フル営業用車タルベシト思ハル」と記述されている。

「或種ノ車両」、ダット四一型は完成した。「実用自動車（自家用車）と運搬又ハ乗合ニ用フル営業用車」の両立。（エンジンとシャシーを共用の、セダンとトラックを生産しコストの低減を図る）「多量製作」のための新工場建設。

広尾の快進社は、橋本の自動車研究所に性格が近く、多量製作には新しい工場が必要となる。それは橋本の前途を立ち塞ぐ高い山脈であり、困難な課題であった。

南北戦争後のアメリカは英・独・仏・露と並ぶ世界の五大列強の一だった。それが第一次世界大戦がはじまった一九一五年には世界の工業生産のダントツの第一位になっていた。躍進の原動力は、デトロイトの自動車工業だった。一九一六年に一六〇万台、一九二三年に二四八万台、一九二六年には

三三二万台に達していた。日米の工業力はアリとネズミから、アリとゾウの格差にまで広がっていたのである。

橋本が次のステップに進むまでの二年間、足踏みの期間、考える時間があった。竹内明太郎から「小松鉄工所」の設立にあたり、技術指導を依頼され、大正六年には、快進社社長を兼務しながら、小松鉄工所の初代所長に就任。東京―小松を往復する中で、橋本の計画は次第に固まってきていた。

橋本は大正七（一九一八）年「株式会社快進社」を設立した。場所は現在の西武池袋線・東長崎駅北側の一帯六〇〇〇坪、東京府北豊島郡長崎村三九二二番地。武蔵野の面影を残しており、土地の人はこの一帯を「ダットが原」と呼んだ。資本金は六〇万円。株主は橋本増治郎、白石多士郎、田篤、田艇吉（健治郎の兄）、青山禄郎、青山伊佐男、竹内明太郎。「小松製作所の幹部社員」白石多士郎、田中哲四郎、吉岡八二郎、松本俊吉、各務（かがみ）良幸、「早稲田大学教授」の山本忠興、中村康之助、岩井興助、「快進社の技師と工場長」の小林栄司と倉垣知也など、九一名の出資者が集まった。

白石多士郎は竹内の妹の子、東長崎の土地六〇〇〇坪も提供している。専門は土木工学、「白石基礎工業株式会社」の社長で、関東大震災の復興の時には専門技術、「圧気潜函（あっきせんかん）工法」により両国橋、蔵前橋、厩橋（うまや）、駒形橋などの再建に貢献した。

工場は、建坪六〇〇坪、機械工場、仕上工場から試運転環路まで、ひと通りの機能を備えていた。設備は、クランク軸研磨盤、グリーソン歯切盤など、専門工作機を二〇余台輸入した。これで精度の高い機械部品の製作が可能となった。部品毎に一葉の部品図を作成し、製品はリミット・ゲージで検査をした。道具室では、巡査上がりの道具番が出入りを管理し、刃物は専門の工場員が集中して研磨した。

五 いつかこの地は花に満ち、人々は誇りもち歩く

アレクサンダー大王、ジンギスカーン、源義経、ナポレオン……。古今と洋の東西を問わず、戦場で勝敗を決めるのは「兵の機動力」。その主役は人類の歴史上、長い間「馬」だった。

馬から「鉄道」に主役が代わったのがアメリカの南北戦争（一八六一～六五）。線路の破壊と中継駅の攻防が勝敗の分岐となった。映画、「風と共に去りぬ」のクライマックス、アトランタ中央駅の炎上シーンが南軍の敗北を物語る。しかし、鉄道が主役の期間は短かった。第一次世界大戦（一九一四～一八）の後半には戦場に「自動車」が登場した。

パリを走っていたルノータクシーが兵員輸送に徴発され、その活躍が連合軍勝利の一因となった。日本軍でも、東京・大阪砲兵工廠が試作したトラック四台が青島攻略戦に参加、砲弾輸送に役立つこ

とが証明され、その結果、大正七（一九一八）年三月「軍用自動車補助法」が公布された。この法律は、製造者には製造補助金（一輌三〇〇〇円以内）、使用者には購買補助金（同一〇〇〇円以内）、維持補助金（一年六〇〇円以下）を政府が支給し、一旦戦争となった場合、徴発し軍の輸送力を確保しようという内容である。

　橋本はこの法律に細い一本の道、自動車工業の可能性を見出したと思った。

　大正一一年、ダット四一型をトラックに改造し申請したが、陸軍から不合格とされた。理由はボルト・ナットが軍の規格に合わないことだった。軍は一種独特のネジサイズを用い、車の修理に市販の部品が使えない、不合理なものだった。だが陸軍が橋本の主張を認め、規格を改正したのが二年後であり、ダットトラックは検定合格となった。

　株式会社快進社となって、五年余りの貴重な年月が流れていた。この間、大正一一年の「平和記念東京博覧会」にダット四一型を出品、東京府金牌の栄誉に輝いた。

　第一次世界大戦（大正三～七年）により、日本の工業は活況を呈し、大正六年、東京瓦斯電気工業（TGE）、同七年、石川島造船所（ウーズレー号）、同八年、実用自動車（ゴルハム号）、同九年、白

35　一　橋本増治郎

楊社（アレス号）、の各社が自動車製造に進出。銀牌はゴルハム号、銅牌はアレス号だった。

第一次世界大戦の終結と共に、世界的に深刻な「反動不況」が襲来した。大正一三年には関東大震災が追い討ちをかけ、これを契機に米国資本が日本に進出する。日本は朝野を挙げて米国資本の進出を大歓迎というムードだった。

大量生産された安価な部品がアメリカから船で輸入され、日本の組立工場でコンベアによる流れ生産方式により組み立てる、KD（ノックダウン）生産である。全国に販売代理店が置かれ、フォード、シボレーは瞬く間に日本市場を制圧していた。国産車にとって、致命的なダメージとなった。国際競争のメインステージで優劣を競い合わなければ生き残ることは許されない。ダット四一型は、僅か月産二台から四台がやっと、量産されること無く終わった。

株式会社快進社は大正一二年、従業員を半数の三〇人に減員、資本金を一〇分の一に減資。九一名の株主名簿の末尾に、二人の見知らぬ女性の名前があった。

東京・牛丸梅子
愛知・上原喜代

共に五株を購入、一株が五〇円で二五〇円の出資になる。大学出のお役人の初任給が七〇円、教員

や巡査の月給が二〇円の時代であったから、主婦のへそくりや、若い女性のお小遣いの範囲では済まない、思い切った大金の投資である。

アメリカにも同じような例がある。一九〇三年、フォード自動車が設立され、出資者は一二名。その中に女性が一名、総支配人、ジェームズ・クーザンの妹で、学校教師のロゼッタである。彼女は貯蓄の半分、一〇〇ドルを払い、フォードの株式を一株購入した。一六年後、一〇〇ドルは二六万二三六〇ドルになり、九万ドルの配当金も受け取っていた。当時の為替相場では、二五〇円と一〇〇ドルは、ほぼイコールである。

しかし、投資のリターンは天国と地獄ほどの差があった。快進社に投資した二五〇円は一〇分の一、二五円になってしまったのだ。二人は身も心もボロボロになっていたに違いない。しかし、二人は、苦難期の快進社にも、声援を送り続けていたのかもしれない。そんな自分に満足し、誇らしく思っていたのかもしれない。

敷初（ごうしょ）より　つくりいとなむ　殿堂に
われも黄金（こがね）の　釘（くぎ）一つ打つ
　　　　　　　　（与謝野晶子「草の夢」）
　　　　（敷初：この世のはじめ）

日本の自動車工業の基礎と構造のどこかに今も、二本の黄金の釘が燦然（さんぜん）と輝いているに違いない。

経営は困難を極めていた。工員の賃金支払いに困窮したことも数度に止まらなかった。その都度、橋本は子供達の貯金まで引き出し、定日の支払いを守った。

ある時、退職工員が退職金の不満を訴えてきたという。橋本は「私の家庭に貴君の家以上に贅沢な衣類や調度品があったら、何品でも良いから自由に持ち帰ってくれ」と応答したので「私の思慮が浅うございました、成功してください」と涙ながらに帰ったという。

橋本家の生活信条は「簡素第一」で慎ましいものだった。とえ夫人は工場員の制服だけでなく、子供達の洋服やズック靴をシンガーミシンで縫い繕った。四男三女をもうけ、清貧そのものの生活の中にも、精神的な豊かさを感じさせる独自の生き方があった。夫人は自分で縫ったお気に入りの和服姿で秋・冬を過したが、それは英国製の洋服地を裁断したものだった。

橋本家の生活信条は「簡素第一」で慎ましいものだった。橋本家の子供達は、小学校で「外人の子、外人の子」と囃されたという。夫妻とも、当時の日本人としては長身であり、美形、彫りの深い容貌の持ち主だった。当時は東京の郊外、ダットが原、長崎村の子供達には、荷車を引き、田や野で働く自分達の親と比べると、まるで外人夫婦のように、どこか遠くの国からやってきた異邦人のように見えたのかもしれない。

橋本に大阪の「実用自動車」との合併の話が持ち込まれた。仲介者は陸軍の自動車行政の責任者・

能村磐夫陸軍中将、氏の妹は青山禄郎夫人である。青山の周旋の結果だった。同社は大正八年、久保田鉄工所の創業者・久保田権四郎など、大阪財界の実業家により設立、資本金一〇〇万円、月産生産能力五〇台の本格的自動車工場。ゴルハム式三輪車、ゴルハム式四輪車、リラー号を製作していたが、売れ行き不振で軍用保護自動車への転進の道を探していた。

大正一五年九月、両社は合併し、「株式会社ダット自動車製造」が誕生。社長は久保田権四郎、橋本は専務取締役となった。東京・大阪に工場はあったものの主力工場は大阪。これまで快進社で働いていた工場員は、橋本と共に大阪に移り住んだ。

フォード、GMが年間三万台、日本市場の九八％を制圧、日本の乗用車は全滅であった。日本はアメリカ自動車工業の植民地になっていた。「アレス号」、「オオトモ号」を製作していた豊川順弥の白楊社も昭和三年に倒産。軍用保護自動車、年間四〇〇台弱の補助予算の枠内でダット・石川島・瓦斯電の「国産三社」のみが、かろうじて経営を維持していた。ここだけが谷川の水を求めて喘ぐ鹿達にとって、唯一残された命の水場となっていた。

昭和二年三四台、同三年一一七台、同四年一一三台、同五年一三七台、ダットトラックは五一型、六一型、七一型と改良が進み、軍の評価も高まった。軍用保護自動車の予算枠も増加し、着実に実績

も上がっていた。苦しい中でも技師達の心の中にある思いが生まれていた。

「乗用車を作りたい、日本の国情にあった小型車を」

昭和五年、ダット自動車では「後藤敬義」技師の手で、五〇〇ccの小型車の設計・試作が進み、大阪―東京間のノンストップ運転試験も成功した。

この試作車はダット自動車の技術によって完成したこと、ユニバーサル・ジョイント、リア・アクスルなどの機械部品はダット四一型のものを使ったことから、ダットの息子ということで「ダットソン（DATSON）」と名付けられた。

後にダットソンのソンは「損」に通じ、面白くないということでダットサン（DATSUN）に変わるが、明治の男達の友情と信頼の絆を示すDATの名は日本の自動車史と共に歩き続けていく。

昭和六年、ダット自動車は鮎川義介の「戸畑鋳物」の傘下に入り、ダットサンの生産がはじまり、量産への道が模索されていた。質の追求から、米国式の量産技術の時代になっていたのである。若い技術者も育っていた。後を託すに不安も心配も無く、次の世代に松明を手渡す時が来ていたのだ。

橋本は昭和六年六月三〇日辞任、静かな決断だった。

橋本は東京・淀橋区戸塚町に「武蔵野モーター研究所」を設立、夜遅くまで製図板に向かっていた。エンジニアとしての気概、凛とした精神の緊張と輝きを失ってはいなかった。生活の糧は三〇人乗りの自動車一〇台、「団体タクシー」と名付け、観光や一般の求めに応じていた。

しかし太平洋戦争がはじまり、自動車は赤十字の病院車に徴発され、休止のやむなきに至った。簡素で清貧の生活を生涯貫き通した。庭に植えた三本のケヤキが育っていくのを見るのが楽しみだった。ケヤキは、橋本の子供達にも、育ちゆく日本の自動車工業にも重なって見えた。

自分の一生は種蒔きに終わった。種を蒔き、それを育てたが、実りを見ることは出来なかった。

「いつかこの地は花に満ち、人々は誇りもち歩く」

オーバン市の人々が愛唱していた開拓期の歌、橋本はその一節(フレーズ)が好きだった。それは「荒野への使い」として辺境に生きた橋本の高潔な大志であり、生涯の夢でもあった。

昭和一九年一月一八日、肺炎のため逝去、享年七〇歳であった。工業の黎明期、ただ一人、橋本増治郎だけが荒野へと真っすぐに伸びる一本の道を拓き、種子を蒔き、若木を育ててきた。その流れが昭和のダットサンに、そしてニッサンへと今に続く大河の源流である。しかし事業を継続出来たのは、明治の男達の支援があったからでもある。その明治の男達、ダット（ＤＡＴ）のＤ：田健治郎、Ａ：青山禄郎、Ｔ：竹内明太郎の横顔を紹介しよう。

久田 健治郎

写真「昭和のダットサン」二玄社刊より

Kenjiro Den

1855-1930

ダットサン
ダットサンの忘れえぬ七人

一 狭く険しかった中央官吏への道

大正一〇(一九二一)年一一月四日、平民宰相といわれた原敬首相が、東京駅頭で暗殺された。

翌五日の東京日日新聞は、「後継内閣問題になると、今日まで一般のかぞうる所は後継首相の観測記事を載せた。健治郎男爵、斉藤實男爵、牧野伸顕子爵」と凶変の記事と共に後継首相の観測記事を載せた。

国民の人気第一の後藤新平、田健治郎は逓信大臣を経て台湾総督、斉藤實は海軍大臣、五つの内閣で海相を務めた帝国海軍の柱石、牧野伸顕は外務大臣。だが、彼は維新の三傑、大久保利通の次男だった。

時は大正デモクラシー、議会多数党の党首が首相になるという政党政治のルールが、日本でも最初の一歩を踏みだした頃、後継首相は政友会の高橋是清副総裁に決まった。

田健治郎は新聞記者や政界の識者達が「一度は政権を」と期待した男だった。薩・長の勢力が圧倒的だった時代、藩閥の後盾も、これといった学歴もなく、一介の地方官吏から総理大臣の候補までになった田健治郎とは、どんな男だったのであろうか。

健治郎は安政二(一八五五)年、丹波の国、柏原藩の庄屋の次男坊に生まれた。大政奉還、鳥羽・

伏見の戦い、江戸城明け渡し、明治維新へと世は激変する。丹波の山の中、変化のない生活に彼は耐え切れなかった。

二〇才、柏原の先輩を頼り「高崎」へ。兄の学友、田辺輝実は熊谷県の七等出仕だった。維新に功の少なかった小藩出身者には、「太政官」、中央官吏への道も狭く険しかったのだ。健治郎は月給五円の等外出仕、昼は役所の庶務係、夜は外人宣教師に英語を学んだ。

明治期、日本は生糸とお茶を輸出し、軍艦と大砲を外国から買った。生糸集散地の高崎は、横浜、シアトル、ニューヨークを結ぶ産業のメインルートで、玄関口だった。生糸が送られ、海の向こうらお金と人と情報、そして宣教師もやって来た。向上心旺盛な若者には実業と実学の、この上ない勉学の場となった。

県令が交代、田辺輝実は愛知県の七等出仕に、田も共に移った。明治九年、名古屋裁判所、三重・安濃津支庁の糺問係（予審判事）、司法省一五等出仕だった。

そこで起こったのが「三重騒動」である。史上最大の百姓一揆だった。地租改正に三重の農民の不満が爆発した。暴徒五万人余、竹槍・蓆旗を立て蜂起、監獄が破られ囚徒五〇人が先頭に立った。騒乱は三重から愛知、岐阜、和歌山、大阪にも波及した。

三重の県令は出張不在であり、留守を預かる書記官達は右往左往するばかり。田は臨時の県令代理

45　二　田健治郎

となり陣頭に立ち指揮をとった。元藤堂藩の士族を招集して非常防衛隊を編成、駆け付けた士族達に太政官札を配り、銃・刀剣を手渡した。

激しい攻防戦の末、暴徒を撃退、県庁を守りぬいた。この攻防が騒動の山場だった。大阪・名古屋の鎮台兵、東京・警視庁の巡査隊も鎮圧に出動、騒乱は治まった。

斬罪三人、懲役二一人、笞刑一八〇〇人、付和雷同した一二三万余の農民、その処罰が問題になった。田は一五等出仕の糾問係、取り調べのみで、判決には加われない。判事達の意見は「囚徒召集罪を適用、体刑四〇日の入牢にかえて情状を酌量し罰金四円」だった。田は一人蜂起の村々を訪ね、生活苦にあえぐ農民の実情を調べ、その足で名古屋裁判所の所長の門をたたき、「罰金四円を払うにも農民の手元には現金がなく、四〇日の入牢では、田畑は荒廃、第二の暴動必至である」と悲惨な農民生活の実態を訴えた。

所長は瞑目沈思、熱心に田の説明を聞いていた。そして、
「刑法の正条は条理を以て之を如何ともすることが出来ない」
田は意見を述べる。
「脱出囚徒で暴徒の指揮をとった者は正条によるべきも、多くの衆徒は暴行・脅迫をうけ、一身の安

全を図るため、やむを得ず、付和従行したものであり、之を罰すべき正条が刑法にはない、呵責の上、放免すべきものである」

「囚徒召集罪の如何は、裁判官の裁定した事実により決すべき」

情状酌量・刑の軽減を求めるのではなく、裁判官の裁定すべき事実関係を力説した。現代の法律用語では「罪刑法定主義」、何人の行為といえども、刑法の条文に規定がなければ罪にはならない。「構成要件該当性」、刑法の規定する犯罪の構成要件に該当する行為がなければ犯罪にはならない。

という論旨である。

所長は直ちに上京、大審院の審議の結果、判決は「呵責の上、放免」に決した。名古屋裁判所所長は「血あり涙ある名裁判官」として、その令名が全国民に喧伝された。田は判事補に昇進、月給二五円になった。

一揆により政府は地租を従来の三分から二分五厘に減じた。これは維新政府が民衆に屈した唯一の事例となった。農民達は「竹槍でちょいと突き出す二分五厘」とうたい、自分達の勝ち取った獲物を喜んだ。明治九年の三重騒動、そして翌一〇年の西南の役、明治維新から続いた百姓一揆、不平士族の反乱はここに終結した。

「もう暴力や武力では新政府を倒すことは出来ない」という認識が国民に広まり、明治政府の政権基

47　二　田健治郎

盤が確固たるものとなったのである。

名古屋裁判所、所長の名は「児島惟謙(これかた)」。明治二四(一八九一)年の「大津事件」の大審院院長である。琵琶湖観光中のロシア皇太子を、警護の巡査、津田三蔵が帯剣で斬りつけた。その衝撃に政府首脳は蒼白(そうはく)、食事中だった伊藤博文は知らせを聞き、驚愕のあまり箸を取り落とした。シベリア鉄道を建設し、東方侵略に動き出したロシア皇室の怒りを恐れたのだ。

「国家ありての法律なり、宜しく法律を活用して、帝国の危急を救うべし」

「戒厳令(かいげんれい)を発して司法部を押さえ、津田を死刑にすべし」

政府は、「御前会議(ごぜん)」で犯人の死刑を決し司法に介入、強烈な圧力と干渉を加えた。

児島は、日本の刑法には外国皇室に関する正条はなく、第一一六条「皇室に対する罪」は適用不可とし、第二九二条の一般謀殺(ぼうさつ)未遂を適用、犯人を最高刑の無期徒刑(むきとけい)とした。司法権の独立と権威が守られ、児島惟謙の名は日本裁判史上不滅のものとなった。

二 高知・神奈川・埼玉の若き県警部長

明治一三(一八八〇)年、田辺輝実は高知県小書記官に転出、二五才の田健治郎は、高知県五等警

部として同行した。明治一四年、田辺輝実は県令（知事）になり、田は県のナンバーツー、県警部長に昇進した。

明治は「警察の時代」だった。国民にとって、お上、政府とは警察のこと。新しい世となっても生活は苦しくなるばかり。失業した士族の不平、地租改正に対する国民の不満は全国に渦を巻き、政府は警察の力でこれを弾圧した。

中でも高知は板垣退助の立志社が創設され、自由民権・反政府運動の巣窟だった。田は来る者は拒まず、弁論を戦わし談笑した。次第に立志社の幹部とも肝胆相照の関係になっていた。

「立志社の連中と私交上の関係あり」内務省に密告する者がいた。田は警視庁に呼び戻され、品川警察署詰に左遷の身となった。

捨てる神あれば、拾う神あり──新任の神奈川県令、沖守固は、横浜の治安に任ずべき男を物色中、田の人物を耳にした。精悍無比だけの男ではない、思慮が緻密、洋学を宣教師に学んだこともあるらしいと。この時田健治郎は二九才、明治一六（一八八三）年から五年半、神奈川県の県警部長となる。

明治は「外交の時代」でもあった。不平等条約の改正が国家緊急の課題、横浜はその最前線だった。

今も一〇月一日、神奈川県警の関係者が横浜、山手の外人墓地に白い花を手向ける。墓の主はドイツ人、ブレメルマン、彼は神奈川県警の警部を務めた、ただ一人のお雇い外国人だった。明治一七年一

〇月一日、現在の中華街の一角で、フランス船の水兵とフィリピン人乗客の喧嘩があり、仲裁に入ったブレメルマンは銃で撃たれ殉職。これまでは、外国人絡みの傷害事件が起きても、治外法権の横浜・外人居留地内の出来事に、日本の警察は何の手出しも出来なかった。新聞は「帝国の威信」を書き立てる。田はフランス領事に状況を説明、領事から令状をもらい、仏国汽船に乗り込みフィリピン人嫌疑者を逮捕、身柄を領事に引渡した。

田は英字新聞に「警察には『行政警察』と『司法警察』があり、その混同の結果が犯罪多発を招いている」と意見を寄稿した。、これが各国領事を動かし、仏領事の主催で領事会議が開かれた。

日本警察は居留地内といえども、現行犯による外国人を逮捕し得る。

日本人の住居に捜査権を行ない得る。

着手した事件については、検察官として外国人を領事裁判に起訴し得る。

外務卿、井上馨が「鹿鳴館」を作り、不平等条約改正に滑稽な努力を繰り返していた時、現地横浜では治外法権という閉ざされていた扉が少しずつ開いていたのである。

山手墓地五区九七、ブレメルマンの墓。碑の撰文は神奈川県警部長、田健治郎である。

神奈川県警から埼玉への移動は、また左遷だった。開港地には遊郭がつきもの、「港崎町」に許可

されたが、港の発展と共に現在の横浜駅東口の近く、「高島町」の埋立地に移転。しかし、そこも鉄道が開設、遊郭は目障りとなり、「真金町」への再移転が決まった。他の娼楼は移ったものの、独り「神風楼」のみは延期を願い出ていた。楼主はかつて任侠の徒、勤王の志士を庇護し今も彼等と通じていた。内務次官の芳川顕正もその一人、田の直属の上司筋にあたる。しかし、神風楼の延期を認めれば官憲の威信は地に落ちる。沖県令と田県警部長は、延期願いを不許可とした。これは世間から熱狂的賞賛を受けた。しかし、沖は滋賀県の県令に、田は埼玉県警部長に左遷となった。沖が滋賀県に着任した二日後に、すぐあの大津事件が発生、犯人は警護の巡査であった。県令は警護の責任者である、沖は県令を罷免された。

しかし、田には拾う神がまた現れた。高知県警時代の人脈から、逓信大臣・後藤象二郎の注目するところとなり、明治二三(一八九〇)年、田健治郎は三六才になっていたが、逓信省官吏に転身する。

三　田健治郎の日露戦争

逓信省の一六年間、田は電信局長、鉄道局長を歴任し、トップの逓信次官となる。次官には、三度も任命された、これは日本の官僚社会には類例がない。三代の逓信大臣(末松謙澄・星亨・大浦兼武)の意志によるが、余人を以て変え難し、これは時が、日本国家が要請したものだろう。

日露戦争、近代戦争では「兵站」が重要になる。普墺戦争(一八六六年)、普仏戦争(一八七〇年)。大方の予想を覆し、国富と兵力に勝るオーストリア、フランス軍を短期間に制圧したのはモルトケ指揮下のプロシア軍。その勝因は兵站、「鉄道」と「電信」にあった。日本は師をナポレオンⅢ世のフランスから、戦勝国ドイツに変え、陸軍はモルトケの愛弟子メッケル少佐を指導教官に招き、日露戦争の基本戦略を立案した。逓信省は郵便と通信、鉄道と船舶、兵站の全てを所轄していて、当時のハイテク官庁だった。

ロシアは世界一の陸軍国、兵力は七〇師団、対する日本は一二師団、陸軍は海軍と異なり自らは機動力を有しない。一師団は平時一万人、戦時二万人の編制である。兵員・弾薬・食料を、横須賀・呉・佐世保の軍港まで鉄道で運び、そこから輸送船で戦地に運ぶ。ロシア軍はシベリア鉄道の完成により、日々増強されつつあった。広大なロシアの領土、シベリア鉄道は単線、ロシア軍が増援を得る前に、一日でも早く敵を圧倒する兵力を満州に送る。日露戦争は輸送力の戦でもあった。

海軍の支援にも日本の輸送船団は活躍した。

旅順港口、ロシア艦隊を監視する連合艦隊への弾薬・炭水の補給。

二〇三高地攻略の決め手となった観音崎要塞、二八㎝榴弾砲の運搬。

そして田は、明治三七年九月一二日、「帝国義勇艦隊創設委員」を委嘱された。日清戦争後の一〇年、日本の海運は大躍進。沿岸航路からヨーロッパ・北米・インド等への外国定期航路が開かれていた。

そのために建造された速力優秀、船体堅牢な貨客船。船会社にとって、これらの新鋭船は虎の子であり、この御用船調達には抵抗が大きかった。
「ドックがあるではないか、全てが沈んでも、戦に勝てばまた造ることが出来るロシアに敗れ、祖国を失うようなことになれば、船が揃っても、もう外国航路は開けないのだ」
田は諭した。「帝国義勇艦隊」、この六文字で重役達の覚悟は決まった。
亜米利加丸、満州丸、台南丸、八幡丸、佐渡丸……。商船・信濃丸は「仮装巡洋艦」信濃丸に、船には海軍の将兵達が乗り込み、砲座も据えられた。

バルチック艦隊の哨戒任務である。

済州島の南端と佐世保軍港を結ぶ一本の線を基準に海図にタテ・ヨコの線を引き、その桝目の一つずつに「無線機」を積んだ哨戒船を配置する。ことは単純だがこれはコロンブスの卵、戦史に類例のない独創の産物であった。東シナ海は黒潮の流れ速く、敵はいつどこから来るのかわからない。

このような困難な任務を独創的な戦略で完遂したのは、日本海海戦における連合艦隊の戦果と比し甲乙つけ難い。

日露開戦となって第一手、田は長崎に「戒厳令」を発動した。長崎には「大北通信社」があり、長崎と上海、ウラジオストク間に海底電信線が通じていた故だった。

53　二　田健治郎

大北通信社は「グレート・ノーザン・テレグラム・カンパニー」の英文和訳。東京、新宿のKDDI本社ビルには、入口広場にアンデルセンの美しい切り絵が五枚の石版に浮彫され記念碑として飾られており、日本の国際通信の始祖は「デンマーク」だったことを物語る。ロシア皇后はデンマークの皇女、ロシア皇室は大北通信社の大株主でもあった。長崎への戒厳令の発動は、極東ロシアの目と耳を塞(ふさ)いだのである。

明治三九年、勲功により、田は華族に列せられ男爵、貴族院議員となった。

四 田家三代の男達

大正八（一九一九）年、台湾総督となる。台湾総督は、桂太郎、乃木希典、児玉源太郎など爵位を持つ陸軍大将が慣例であったが、原敬首相により文官として初めて任命された。

統治の基本については「社会には各々その歴史があって、その由来と現在とに即して漸を以て穏健、適切に進むべきもので、在来の歴史を無視し現在より飛躍するような改革は行なうべきものではない」という漸進(ぜんしん)同化政策で、田の統治のポイントは三つ。

・台湾人の高等文官任用に道を開いた。
・教育令を改正、学校の整備と増設を図り、若く優秀な教師を内地から招聘(しょうへい)した。

・内地の府県市町村のように、州・市・街・庄等の地方団体を創設し、協議会を設け、ある程度までは民意による地方自治を実施した。

田は台湾総督に続き、大正一二年九月一日関東大震災の日「農商務大臣」を拝命した。任期は三ヵ月と短かったが、足跡は今に残る、「築地市場」である。魚市場が築地に移転したのは関東大震災による。それまでは日本橋の河岸（かし）にあり、湾で獲れた江戸前の魚貝類、相模の初鰹も早船で運ばれてきた。この築地に、明治二年、政府は近代海軍創設のため、海軍操練所を開く。明治九年「海軍兵学校」となり、イギリス海軍のダグラス少佐、三四名の教官が英国流の士官教育を実施した。

明治二一年、兵学校は広島県江田島に移転。跡地は海軍大学校、海軍病院（現在は国立がんセンター）、海軍技術研究所に使われていた。ここ築地は日清・日露の戦役で活躍した将官達の青春の学舎、日本海軍の聖地だった。

総理大臣の山本権兵衛と農商務大臣の田健治郎の決断と実行により、移転は三ヵ月で完了した。山本は日本海軍の建設者で、海軍技術研究所を横須賀に、震災で校舎が全焼した海軍大学校は品川区上大崎長者丸に移転させ、跡地に「中央卸売市場（おろしうり）」を開いた。田は緊急事態の采配（さいはい）をふるい、自らが米騒動で総辞職した寺内内閣の逓信大臣だったことから、老人達には米騒動を例に引き「移転の遅延は帝国に新たなる騒動を生じかねない」と説得。一〇月二四日には、「卸売市場移転損害賠償勅令」

55　二　田健治郎

が閣議で決まり、日に夜を継いでの突貫工事を敢行。一二月一日、東京魚市場の開場式でのスピーチが田農商務大臣最後の仕事となった。新魚市場の床は、コンクリート敷きで水洗いが出来、常に清潔。首都の台所に相応しく近代化された。

帝国海軍は太平洋戦争に敗れ海の藻屑と消えたが、田の説得、山本権兵衛の決断で実現した築地市場は、東京と関東一円の人達に、今も世界の海の幸を提供し続けている。

田の次男、田誠は、「青い目の人形使節」、「日米学生会議」の関係資料によく見る名前である。田誠は、鉄道省観客局長として、世界に美しい日本をPR、ホテルを整備し、外人旅行客を迎えるのが仕事。日米親善のための舞台作りに、支援を惜しまなかった。

日露戦争後、日米関係は次第に悪化、「太平洋波高し」の時代を迎える。米国の排日移民法の成立は日本国民に衝撃を与え、日本の満州支配に米国民の反発が高まった。日米関係の改善に双方の民間レベルでも立ち上がった。

昭和一〇（一九三五）年に「青い目の人形使節」が到着。答礼のため作られた日本人形「富士男」と「桜子」がダットサンに乗って横浜まで出迎えた。「日米学生会議」も、同じ年から五年間続いた。日米の大学生、五〇名が交互に相手国を訪問、会議、合宿、旅行を共にし相手国を知り、日米の相互理解を深めようとする活動だった。だが若人達の願いもむなしく、時流は逆巻く大波となり、真珠湾

に押し寄せた。青い目の人形使節の二万体は、「敵性人形」として戦争中に強制的に廃棄された。

しかし、学生達の交流活動の中から、戦後に、日米の架け橋となる二組のロマンスが生まれている。

東京大学と東京女子大学の学生だった、元首相、宮沢喜一・傭子ご夫妻と、慶応義塾と津田英学塾の学生だった片山豊・正子ご夫妻のカップルである。

田健治郎の孫「田英夫」は、共同通信の記者から、TBSのニュースキャスターになる。昭和四六年の参議院選挙の全国区、一九二万票のトップ当選、六年後も一五八万票の連続首位。知性的な語り口と端正な容姿で女性には圧倒的な人気があった。ベトナムからの現地報道、アジアを重視した外交政策など、独自の視点を持つ論客だった。

田英夫は『婦人画報』(一九九四年六月)に「祖父は豪胆で新しもの好きな人だったらしいんです」、「前へ前へと進み続ける男だった」、「井戸塀(いどべい)政治家という言葉がありますが、祖父はまさにその一人。井戸塀どころか、残っていたのは莫大な借金だったのです」と書いている。

田家三代の男達は、時流に流されず、自らの座標軸を確立し、世の先と事の本質を見る目の持ち主だった。

田健治郎は、昭和五年、一一月一六日、七六年の生涯を閉じた。

三 青山 禄郎

写真:『昭和のダットサン』三玄社刊より

Rokuro Aoyama
1874-1940

ダットサン
ダットサンの忘れえぬ七人

一 青山の日露戦争

「日本信号株式会社」という会社がある。

現在の情報化社会、この会社の機能抜きには、日本の産業も経済も人々の暮らしも、一日として成り立たない。新幹線の安全運行から高速道路、都市交通の信号と管制システムの一切を担っている。

創業は昭和四年二月一六日、社長の名は青山禄郎。鉄道の電化が進み、信号も機械信号から「電気信号」の時代に移る。安全運行に信号の役割も高まってくるに違いない。「機械・電気・分岐器」、信号の三つの専門領域を一つの単位に統合するため、青山は、経営が行き詰まっていた飯島製作所、三村工場、塩田工場を日本信号株式会社に再編した。

東京の大森、月島、千住に点在し、三社合わせても従業員八四名の零細企業だった。翌、昭和五年一〇月一日特急「つばめ」が登場、日本も高速鉄道の時代を迎えた。東京―神戸間の所要時間が二時間短縮され、八時間五五分になった。主役は大型機関車(C51)、自動ブレーキと「自動信号機」は傍役。細い三本の縄も糾えば一本の綱、時代の最先端を担う名脇役が生まれたのである。

橋本増治郎は『青山禄郎傳』に竹馬の友を悼み、こう書いている。

「同窓のよしみを以って、青山君に助力を乞うた事は度々重なったが、一度として嫌な顔を見せず、私の自動車製造事業のために尽くしてくれた。遂に私は青山君に助力を求めたばかりで、何らそれに酬いることが出来なかったが、それも今、青山君のいない後、いよいよ返すことが出来なくなった」

青山は明治・大正・昭和の三代、電信、無線、信号、電気事業ただ一筋に生きた男だった。電気事業の黎明期に事業に行き詰まり、青山に助力を求めた人達は多かったに違いない。青山に援助を惜しまなかった。拒否・拒絶したことは、青山の生涯に、おそらく一度もなかったに違いない。これは青山の生きる姿勢でもあった。

青山の旧姓は「鈴山」、それが「青山」に変わった事情は以下の通りである。

生まれは岡崎、橋本と同じ額田郡立高等小学校を卒業する。

江戸時代、普化宗（ふけしゅう）という宗派があった。尺八を吹くことが吹禅（すいぜん）、深編笠の虚無僧（こむそう）になり、粋な姿が人気を呼び、歌舞伎や浮世絵の題材にもなった。明治三年、太政官達により廃宗・廃寺になり、青山の実父は本山、浜松・普大寺の貫主（かんしゅ）だったが帰俗し結婚、六一才なるも姉と弟の三人の子供をなした。

静岡中学に進学の際、父が方丈（ほうじょう）時代の門弟、青山氏に下宿の世話を依頼する。青山家から是非、当家から通学して欲しいとの申し出があり、世話を受けることとなった。青山夫妻からは実の子同様に可愛がられ、生活費から学費までも援助を受けていた。

61　三　青山禄郎

父が亡くなった故だったが、好意にいつまでも甘えるわけにはいかない。青山は静岡中学を退学し、学費のかからない逓信省の「東京郵便電信学校」に転校した。競争率は厳しく、合格者は二〇人に一人。東京で勉学が出来、卒業すれば中央官吏への道が開ける。経済的に上級学校に進学出来ない若者には、唯一つの開かれた学校として憧れの学校だった。

お世話になった青山夫人の病が重いとの知らせがあり、急ぎお見舞いに行くと思いの外衰弱の様子だった。青山は夫人に病状を訊ね、励まし、学校でのことなどを話していると、「是非の話がある、養子に入って青山家を継いで欲しい」と突然、懇願された。長男であり、困ったが、病人を失望させることが出来ない。青山は思い切って、「承知しました。ご安心なさい」と言ってしまった。

死期の迫っていた夫人はこれを聞くと、青山の手を取り涙を流した。病気が良くなれば、何とかまた話を、と青山は思った。しかしその機会は訪れず、夫人は亡くなった。母も「鈴山にはまだ男が一人います。あなたは青山にいっておあげなさい」と心良く受け入れてくれた。

こうして青山は弟に鈴山家の家督を譲り、青山家の養子になったのである。

青山は東京郵便電信学校を首席で卒業する。ただ一人本省の配属になり、電信局の技師となった。勤続一三年、結婚もし、一子が誕生していた。あと一年で恩給もつく、前途には官吏としての安定した生活が待っていた。

明治三七年、青山禄郎は三〇才であった。

「逓信省を退官し、英国のヒーリング商会に行って欲しい」

話を切り出したのは、逓信次官の「田健治郎」であった。次官は雲の上の存在、しかし、田が郵便電信学校長の時から顔見知りだった。

青山は次の言葉を待った。

「ロシアとの開戦は避けられそうにない。いざ開戦と決まり、戦争がはじまる前に、戦場の遼東半島と佐世保軍港との間に海底電信線の敷設を行なわなければならない。これは派遣軍と内地を結ぶ生命の綱なのだ。ケーブルは英国から届き、逓信省の敷設船、沖縄丸に積み込んである。しかし、ここに一つ問題がある。もし、敷設の作業中、ロシア艦隊に発見されてしまえば、これは明白な戦闘開始の行為。ロシア側から、これを理由に宣戦布告されても、日本としては申し開きが出来ない。このような事態は避けねばならないのだ。

参謀本部と相談の結果、"同盟国イギリスに楯となってもらう以外に道はない"と決まった。話はつけてある。ヒーリング商会が沖縄丸を借り受け、英国国旗を船尾に掲げ、敷設に当たってもらうのだ。たとえ日本人でも英国のヒーリング商会に籍のある人間が作業の指揮をとる、日本の官吏じゃ言い逃れは出来ない。君は電信については逓信省の第一人者だ。英語も使えるそうではないか、そのような次第で来てもらった。話の一切は胸中に留め、外に漏らしてはならない」

青山は次官、田健治郎の依頼を拒否しなかった。「これは天命、ことの成否は五分と五分だ」と思った。船がロシア艦隊に拿捕され、ロシア官憲に逮捕されれば、入牢、拷問、銃殺の運命が待ってい

三　青山禄郎

る。海峡、湾口に敷設されている敵の機雷に触れれば沈没、船と運命を共にするかもしれない。妻も薄々何かを感じ、夫の転職を解ってくれた。蜂須賀藩士の娘、兄も陸軍の軍人だった。

明治三七年一月七日の深夜、ヒーリング商会支配人、青山禄郎の乗る沖縄丸は一人の見送人もなく佐世保軍港を出港、遼東半島に向かった。青山は翌三八年、「明治三七・八年戦役」の功により勲八等端宝章並びに、金一〇〇円を賜った。

「日英同盟」の時代、イギリスは工業の分野でも超一流の先進国だった。ヒーリング商会支配人の青山は、日英の重要な〝連結ピン〟の役割を果していた。通信網の整備と近代化、機器の輸入にとどまらず、国産化の支援も青山の役割だった。「電線」はその一例。世界的に電信・電話の普及が進み、「銅」の需要が高まった。当時の日本は世界一の産銅国、銅は明治三〇年代から輸出の花形となった。しかし日本は銅の地金の輸出に留まり、工業製品としての電線（ケーブル）は輸入に依存していた。挑戦をした先覚者達は、どこの会社も失敗の山、悪戦苦闘のケーブルの製作は簡単そうに見えて難しい。

初めてこれに成功した会社が「藤倉電線」である。女性の髪飾り〝根掛け〟、その芯がアーク灯のコードに似ていることから、電線の製作に転業し伝統職人の技を生かし、最先端技術に挑戦したのである。

電線製作は苦難の連続だった。英国製の絶縁試験装置を輸入したが、思うようには動いてくれないのである。ヒーリング商会に話が持ち込まれ、青山は千駄ヶ谷の工場に赴いた。藤倉の技師達と一緒に電気抵抗の測定を行ない、データの解析を指導した。青山は逓信省の技師達にも支援を要請、逓信省も電線国産化への援助を惜しまなかった。

明治三八年には引込線、四三年にはケーブル全体が合格、藤倉は初の逓信省指定工場となった。悲願の電線国産化、日本の技術が欧米にやっと肩を並べたのである。（一人が荒野に一筋の道を拓くと、その後に続くことは、そう困難なものとはならない）

「遅れてはならじ」と、古河、住友も電線工業に進出した。産銅・精錬から電線へ、地金から製品の高付加価値化であり、儲けは倍加する。古河・住友はこれにより資本の蓄積を進め、三井・三菱に次ぐ巨大財閥が形成されて行くのである。続いて青山は「安中電機」の経営を依頼された。

信濃丸から旗艦・三笠へ、

「敵艦隊二〇三地点ニ見ユ、午前四時四五分」

三笠から大本営へ、

「敵艦見ユトノ警報ニ接シ聯合艦隊ハ直チニ出動之ヲ撃滅セントス、

65　三　青山禄郎

「本日天気晴朗ナレドモ浪高シ」

日本海海戦の劈頭は安中電機製「海軍三六式無線機」による電信にはじまった。

日本海海戦の大勝利、勝利の要因は東郷元帥のT字戦法、兵の練度と砲撃の命中率、下瀬火薬の威力、などが言われるが、最大の勝因は無線機に違いない。これなくしては、日本が初期の海戦に勝利しても、過半の敵艦隊は逃走、取り逃したであろう。

広大な海原での大艦隊同士の戦闘、視界から消え、夜間ともなれば、信号旗による連絡は取れない。取り逃がした敵の捕捉・殲滅、これには全艦隊の連携による波状攻撃と包囲作戦が必要となる。これを可能としたのは海軍三六式無線機なのである。革新的な電子兵器の出現は戦法と戦況を一変させる──日米による太平洋戦争、レーダーの登場などその一例である。この三六式は明治三六（一九〇三）年、日露戦争前年、帝国海軍が正規採用した日本の秘密兵器となり、世界の海戦で無線機が使われた最初の事例となった。

創業者、安中常次郎は日露戦争の勝利から二年、ロシアとの戦争が迫る中、帝国海軍の秘密兵器・無線機の完成のために心血を注ぎ、病魔に倒れた。四三才の若さだった。

「無線は生まれたばかりの赤子、これを航海の安全、海の事故防止のために育て上げてほしい」

病床の安中に懇願され、相談役の青山が経営を引き受ける。青山は安中常次郎の遺志、無線機普及のために奮闘した。

タイタニック号の遭難（一九一二年四月一四日）により無線通信の重要性が改めて認識された。一五〇二名の船客中、婦女子と子供七一二名が救助されたのは、最後まで遭難救助信号（SOS）の発信を続けたことによる。船と運命を共にした無線通信士の行動に世界中が感動した。

日本は「海洋国家」、海の遭難の多発国でもあった。漁業も沿岸から近海漁業、そして遠洋漁業へ、事故も大型化し、政府だけに認められていた電波の利用が、民間にも開放されはじめた。しかし、電波を扱える無線技術者の絶対数が不足していた。無線機を造る、そこで終わっては海の遭難をなくすことにはならない、一歩前に進むのだ。大正五（一九一六）年、青山は連日のように逓信省に赴き、意見を交換した。

寺内内閣の田健治郎逓信大臣から、青山に格別の沙汰があった。

「欧米各国では、国家的事業として取り上げている。その例に倣い、名称に『帝国』の二字をつけなさい。帝国大学、気象台に基礎的科学の出講も頼み良くなるだろう」

青山は、安中電機の社内に「帝国無線電信通信術講習会」を開き、機器・設備を開放、三年間に三〇〇人強の国家試験合格者を輩出した。

私企業の安中電機が時代のニーズを先取りしはじめたこの講習会は、三年の短期に過ぎなかったが、新体制では、田健治郎大正七年、社団法人・電気通信協会の「無線電信講習所」に継承経営された。

は協会の「顧問」に、青山は「教育委員」にその名を見ることが出来る。

昭和一七（一九四二）年には通信省の直轄になり、気象学などの科学分野も整備された。戦後の二三（一九四八）年に文部省に移管され、翌二四年、国立の「電気通信大学」と脱皮と大変身を繰り返し、戦後の復興と発展を支え、現在の情報・通信産業の指導者を養成する堂々たる大河となっている。

その間、総代として一名を挙げるなら、通信省直轄の無線電信講習所を卒業した「藤原寛人」。彼は後に山岳小説『強力伝』により、直木賞を受賞した作家の新田次郎である。無線通信は成層圏の状況、気象条件に左右される。彼は中央気象台に就職し、富士山測候所で山岳気象の観測に当たった。

日本は「官尊民卑」の社会である。それ故、民間に生まれたものを、行政、お上が取り上げ、継承育成するという発想はしないものだけれども、これは例外中の例外、DATの二人、そのDNAが今に流れる奇跡の事例に違いない。

二　ヒーリング商会東京支社長

ヒーリング商会の東京支社は京橋区采女町二一番地。歌舞伎座、晴海通りの向かい側、今は「銀座・三重ノ海」やカフェ「マザーリーフ」がある。日本の電信・電話の発展と共に青山ともう一人だけだった支社の社員も増え、一流の貿易商社としての確固たる基盤が出来上がっていた。通信省から来た

後輩も多かった。彼らがヒーリング商会で戸惑った第一は、給料が格段に良くなったこと。第二は、会議から書類や図面、メモの類まで英語だったことだという。青山も英語に不自由な様子はなかったらしい。青山の手帳には見聞、数字、談話要旨、用件の一切が細かく記載されていた。記憶のためではなく、次の活動への準備であった。手を抜いたり、無為に時を過ごすことがなかった。

こんな記述もある。

「九時半出社したるも、社員出社せず、開扉なきため直ちに外出、自動車あらざるため徒歩にて通信省にいたり、経理・工務・電気の各局長・次官・その他の課長に挨拶をなし懇談」。通信省は木挽町八丁目（現在の銀座八丁目）、徒歩五分の距離だった。逓信省の同僚・後輩が地方から上京、青山を訪ねると、名簿を取り出し、

「君は何期生だ、君の知っている人は誰か？」

「君が一々この人達を訪ねても面会出来ないから、一席催そう」

早速、青山から電話、速達便が届き、二・三〇人が集まって来る。旧友達と楽しげに語り合う青山。その費用は青山が負担した。しかしいささかも恩着せがましい態度やそぶりを見せなかった。

青山はいつも業界の協調、発展を求めていた。工業の黎明期、日本は過当競争の社会だった。相手を押しのけ、無理な商売に走る。その結果どうしても作りが粗雑になり、日本製品の評判を落とした。

狡猾な外人商人は日本人の弱点を見逃す筈がなく、互いに競争させ買い値を下げさせた。売り手は注文を取るために無理な値引きに応じ、それが低賃金・長時間労働の背景になっていた。

第一次世界大戦中、ロシアから日本に軍用電話と電線の大量引き合いがあった。窓口はヒーリング商会。しかし、いつもの病癖が出たのではお国のためにはならない。

青山は、電話は共立電機、沖商会、日本電気の三社を。電線は藤倉、古河、住友に声をかけた。

しかし、各社それぞれに思惑と計算があり、容易に話がまとまらない。朝の一〇時からの会合は、腹の探り合いが続いていた。お昼になり青山が顔を見せて食事に誘い、おいしい銀座天金のテンプラをご馳走したという。テンプラと青山の笑顔が触媒となり、午後は雰囲気が一変。それぞれの満足のいく数量と価格の合意が出来たのである。

青山のもとに、自動車を研究中の橋本が訪れた。

「自動車一台の部品を輸入し、快進社の者に組み立て、機械の仕組みを学ばせたいのだ。機械の堅実なスイフト、ハンバーが良いのだが……」

「英国車なら可能と思う。組み上がって手頃な売値なら客もつき、経営の支えになるだろう」

青山は、ヒーリング商会の扱いに自動車を加えていた。

70

明治四〇（一九〇七）年、青山支配人の重要行事は、上野・池之端「東京博覧会」への出展だった。明治天皇が行幸になるからである。ヒーリング商会は電話機、電話自動交換機、ガスエンジン、発電機、そして扇風機を展示した。

陛下は機器類を興味深げに御覧になり、扇風機の前で歩みを停め動かれなくなった。風を送る機械にいたく興味をもたれたご様子だった。

〝これが欲しい〟とは、どんな場合でも仰せにはならない。しかし、じっと御覧になられたということになると宮内庁がお買い上げになる。イタリア製一〇〇ボルトのこの扇風機は、宮中の電源が二四ボルト用の蓄電池だったために、コイルを巻き直し、ファンとガードに金メッキをして納入した。当時、宮中に納める小器具類は金メッキをしなければならなかったからだ。

三　残照は今の世に輝く

大正六（一九一七）年、青山は四三才、一三年間勤めたヒーリング商会を辞任。「日本国産株式会社」を設立。英国の名流会社、支配人の優雅で安楽な生活を捨て、これからは、日本製品の輸出、海外への販路の開拓に汗を流したい。これが青山の志であった。時は、第一次世界大戦の最中。ロシアからの軍事電話など、海外から日本製品の商談も多かった。大正七年、欧州の大戦

71　三　青山禄郎

が終わると海外からの引き合いは激減、全く途絶えてしまった。史上空前の「大戦景気」から一転、世相は不況一色となった。

電信・電話業界は、好況期の過大な投資が負担となり、どこも負債は巨額なものに。青山は輸出への第一歩を踏み出す前に、救援活動に専念する毎日となった。明治四一年の設立以来、青山が相談役を務めていた「共立電機株式会社」は明治・大正期は、日本電気株式会社、沖商会と共に三大電話交換機メーカーの一つだった。しかし不況により経営危機が表面化、資本金五〇万円に対し、借入金は五〇〇万円に達していた。青山は急を要する資金繰りに個人的にも融資をし、銀行融資には個人保証も行なっていた。

青山は銀行側の強い要請を受け、昭和三（一九二八）年、共立電機の社長に就任した。理由は「多年勤務の従業員の失職を救うため」だった。

青山は電気関係、多くの創業に参画したが、「放送」もその一つ。

「放送さえあれば、かほどまでの朝鮮人惨害（さんがい）は止め得たであろう」

「流言飛語四隣（りゅうげんひごしりん）に湧（わ）き、真偽を確（たし）かめる道は絶えてなく、仮に信用すべきラジオの声を耳にせば……」

関東大震災を契機にラジオ放送の開始を求める声が広がった。放送事業の将来性は高い。安中電機

もラジオ受信機の製作に着手した。青山は採算より、ラジオの普及を優先し、従来の半額に近い価格で市場に提供した。

大正一三（一九二四）年、「東京放送局」が開局、二年後には東京・大阪・名古屋の三放送局体制による「日本放送協会（NHK）」となった。

初代会長は後藤新平、青山はNHKの関東支部の理事、本部の筆頭理事も兼務していた。青山の最大の貢献は放送のキーマン、東京放送局の技術部長に、自分の後継者として信頼していた部下で、逓信省の後輩、「日本国産」の支配人の北村政治郎を供出したことだった。

「国家的事業である放送局よりの渇望であれば割愛することこそ当然である」

しかし北村の後任の支配人は、後に青山を生涯の苦境に追い込むことになる。

世は不況一色とはいえ、青山の関係する事業は小康状態にあった。

「欧米の電気・通信の状況を見たい」

昭和四年三月、青山は、長年の親友、藤倉電線社長の松本留吉と二人、半年間欧米視察に旅立った。

その間に大事件が起きた。

「留守中に（日本国産の支配人が）社外のことに手を出し、損を取り返そうとして、深みに入って大穴をあけてしまったのです。私が、その支配人に印判まで委せきりにしておいたのが悪かったのです」

73　三　青山禄郎

後になり、ごく身近な人に語っている。

「工場を閉めてしまえば数百人の従業員の失職になるので、作業を続けながら整理案を実行する」

整理案は、安中電機と共立電機の合併、「安立電機（現・アンリツ）」の設立だった。

青山は持ち株を売却、全ての関係会社の重役を辞任。退職手当の一切を整理資金に充当した。白金の自宅、鵠沼の別荘、私財の全てを事業の整理に提供した。青山の家族はテニスコートのある白金の大邸宅から、太田区中延の小さな借家に移り住んだ。

「すまぬことになってしまった。これを元手（もとで）に生計（くらし）を立ててくれ」

青山が自家用に使っていたダット自動車は、八島運転手の退職金になっていた。

青山が一切の事業から手を引いて三年が経っていた。

人生万事塞翁が馬――青山と松本留吉、弘田国太郎の三人が出資し設立した電気工事の「弘電社」。

青山は明治四三年の創業から相談役、弘田の後を受け、昭和八（一九三三）年、社長に就任した。

弘電社の本社は、銀座五丁目みゆき通り木挽橋（こびき）交差点、あのタクリー号誕生の地にある。都庁、新丸ビル、六本木ヒルズの照明、防災設備から衛星通信、風力発電所までも手がける超一流のエンジニアリング会社である。経理部の金庫に大切に保管されていた一冊の本、『青山禄郎傳』。その最後に、子息、青山伊佐夫氏はこう書いている。

「父が昭和四年に洋行不在中、日本国産株式会社の経営を託されていた某の不始末に端を発し、父の経営した他の二・三の会社まで累を及ぼし、帰朝後、結局、関係事業を全部整理するの己むなきに立ち至ったことは、父の生涯での最大の事件であったと存じます。当時、私は学校を卒えたばかりであり、且また父が、その事情を一切話してくれませんので、私共は不安な気に襲われながらも、ただ父が緊張した面持で早朝から深夜まで連日連夜必死に奔走しているのを見守り秘かに胸を痛めるのみでありました。その後、数ヶ月経ってから父は私共を呼び寄せ、

『俺の不注意のため、事業に失敗してしまったから、今まで関係した会社は全部辞めることになり、今整理中である。そこで、この家をはじめ財産は全部提供することにしたから、出来るだけ早くこの家を出て、どこか小さな家に入り緊縮の生活をしなければならない。こうなったのも、皆俺の不注意から起ったのだから、決して他人を怨むようなことをせず、今までのことは一切諦めてしまって、一同気を新たにして助け合って行くようにして欲しい。なお、お前達の将来に迷惑を及ぼすようなことは決してないし、またお前達の勉学だけはどんなにしても続けられるようにするから、安心して学校用品と是非必要な日常品だけを取りまとめて引越の準備をしてもらいたい。俺もまだ充分働けるから、全力を尽くして、一刻も早くこの整理を済ませ、また新しく出直して行く決心でいるから、暫くの間の不自由は我慢して忍んでもらいたい。よく俺のことを理解してくれて、暫くの間の不自由は我慢して忍んでもらいたい』

後になり、他の人からこの事件の一部始終を聞き、一切の責任を一人にて負い、私財全部を提供し、誠心誠意整理に努力した父の態度の立派さを知り、いかなる苦境に立っても、日頃の自己の信念に揺ぎもない父の偉大さに接し、私は深い感銘を受けました」。

青山は「電気一業」に生きた男だった。

当時の花形は「重電」。大学生は表街道の電力会社・電機会社の設計技師を志望した。郵便電信学校出の青山は、電信・電話・電線・信号・放送と、裏街道を歩む。この道は現代の花形、情報化社会に続く道。しかし、花が開くのは半世紀後のこと、青山は夜明け前の男だった。資金が不足、技術も低く人材が揃わない。工業の黎明期、三重苦と闘うパイオニア達にとって青山は頼りになる男だった。さりげなく、惜しみなく援助の手をさしのべ、相談にのっていた。見返りをもとめず、提供されても一切受け取らなかった。「温顔如玉」、誰からも敬愛され、慕われていた。

電気以外に青山が援助したのは橋本増治郎と岡崎の先輩、「本多光太郎」博士である。住友財閥の当主、住友吉左衛門の頭文字から名づけた「K・S磁力鋼」の発明物語は有名である。東北帝大「鉄鋼研究所（現・材料研究所）」の設立に当たり、大阪の住友財閥の大口寄付以外に、東京でもかなりの寄付がなされている。その中心にいたのは青山だった。青山は本多博士から上京の連絡を受けると、知り合いの事業家、知人、友人などに広く呼びかけ、席を設け集まってもらい、本多博士の講演会を

開き、寄付の協力を仰いでいた。

「鉄は工業の基幹である。鉄が世界の一流にならなければ、日本の工業も一流にはなれない」

青山は郷土の先輩の大志、その実現にも微力を尽くしていた。

昭和一五（一九四〇）年一月六日、弘電社社長、青山禄郎逝去。

大海に沈む冬の夕日のように、空に美しい残照を残し、青山は六六年の人生を終えた。

四 竹内明太郎

写真:「昭和のダットサン」二玄社刊より

Meitaro Takeuchi

1860-1928

ダットサン
ダットサンの忘れえぬ七人

一 会議に席次を設けず

平成一二（二〇〇〇）年一一月、伝統があり名門といわれた「新潟鉄工所」が倒産した。豪雪地帯というハンディを克服し、販路を世界に広げていた有名大企業は「コマツ」（小松製作所）一社になってしまった。北の荒野に立つ姿ゆたかな楡の巨木にも似ている、強靭な体質の会社。その創業の人が「竹内明太郎」。小松の近く「遊泉寺銅山」の経営者だった。

初代の小松鉄工所、組織のトップである所長はDATの父、快進社社長の橋本増治郎である。

現在は地方空港が発達し、高速道路も広がり、インターネットが繋がる時代。ハイテク製品やソフト制作であれば、日本全国どこに会社の本拠があってもそう不便ではないし、ハンディとはならない。

しかし、今から九三年もの昔、一九一七年に北陸の小松に機械工業を興すことは難事だった。春の到来の遅い雪国、海からの凍風が顔に痛く突き刺さり、雪に埋もれた田畑と野山の他には何もない、ごく寂しげな土地。近くに市場も、部品工業もないマイナスからの出発だった。

名峰、白山連峰を遠くに望む温泉宿に竹内と橋本が泊まった夜、膳の上に新鮮な山菜があった。

「この雪の日に、何故？」と竹内が宿の女将に訊ねると、「雪の季節でも山間の湧き水のそばに、せり、蕗のとうなどの山のものが自生するのです。ひと足早く春がやってくるのですね」と教えてくれた。

ここは名にし負う小松の里だ。防雪林、冬場の浜風から生活を守る松林と、新しい水がいつも湧き出る泉を組み込んでおけば、北陸・雪国という困難も乗り越えられるのではないか。竹内と橋本、二人はその夜、いつまでも話しあっていた。

縁とは不思議なもの、何か目に見えない糸で結ばれている。ニッサン社長のカルロス・ゴーンが一九八一年に初来日、二日間の日本滞在。目的は「コマツ」の訪問だった。当時、ゴーン社長はミシュランの研究開発センター、大型タイヤ部門の責任者。コマツはキャタピラー社に次ぐ世界第二位の建設機械メーカー、ミシュランの大切な顧客である。鮮明なコマツの印象、それはある「会議」の光景だった。フランスでは、組織のトップ、部門のチーフが説明、指示をし、質問があればトップ自らがそれを裁く。メンバーの社内序列も、会議の進行も、自ずと明らかになる。

しかし、コマツではメンバーはみな、同じユニフォームに、職位の違いも上下の関係もよくわからない。職掌・職位を異にする人達が自由に意見を述べ、それぞれが質問に応えている。この異質の体験にゴーンは考えた。「二つの国のマネジメントの違い、これは人間の右手と左手の違いかもしれ

81　四　竹内明太郎

ない。ある状況下に於いて、二つを統合(インテグレート)できれば、変革の大きな力が生まれるのではないかと。「会議に席次(せきじ)を設(もう)けず」という、新しい水がいつも湧き出る仕組みに気づいていたのだろう。

二 父、竹内綱

竹内明太郎は万延元（一八六〇）年、父・綱の長男として土佐・宿毛(すくも)に生まれた。ペリー来航の二年後である。宿毛は高知市から列車、バスで三時間もかかる高知の最西端、今は人口二万五千人の漁業の町。しかし、明治期には数々の著名人を輩出している。岩村通俊、林有造、岩村高俊の三兄弟、小野梓、大江卓など日本近代史に名を残した。父・綱は「土佐・自由党・自由民権運動の重鎮」として知られているが、『竹内綱・自叙傳』を読むと有能な改革者でもあり、大局眼の持ち主だった。若い頃の記述は実に面白い。

宿毛は土佐の家老・伊賀家（六千二百石）の領地。時は幕末、尊王・佐幕と二派に分かれ対立、その結果重役達は全員辞職、綱は二三才の若さで目付役、伊賀家の重責を担うことになった。幕末、どこの藩でも経済的に疲弊し行き詰まっていた。士分の禄を半知借り上げしても財政の累積赤字は埋まらない。異国船打ち払いのため、砲台・銃器・弾薬の調達、緊急の資金が必要となった。領内綱が目を付けた第一は「樟脳(しょうのう)」。外国との交易、長崎に運べば高値で売れることを知っていた。

の櫟を切り、これで当座の軍備を整えた。第二は「地租の改正と手続きの簡略化による行政改革」。過去三年間の収穫量を平均化し、一〇年間の米価の平均値を乗じ、一〇分の四を年貢米として徴収（従前は一〇分の五）、改正に三年を要したが、これにより地租収入は倍増、半知借り上げも廃止出来た。

明治六（一八七三）年、綱は大蔵省六等出仕（現代では本省の課長クラス）となる。「京都事件」の調査委員を命じられるが、司法卿江藤新平と「参座会議」で意見が対立、辞職に至る。参座会議とは、日本でこの時に唯一度だけ設けられた、お役人を裁くための「行政裁判」。判事（調査委員）は各省からの課長クラスが任命された。維新と共に天皇は東京に遷都、有力公卿、御用商人達も従い、京都は寂れゆく一方だった。そこに有力な政府の御用商人の小野組が本店を東京に移す話が持ち上がる。京都府の大参事（副知事）と、槇村正直は握り潰し許可を出さない。「畏れながら」小野組は司法省に訴える、槇村は窮地に立った。長州一派はこれに非常な危機意識を持った。

江藤は山県有朋を「山城屋事件」で、井上馨を「尾去沢鉱山事件」で中央政府から追い払っていた。これは江藤の策謀、何としても京都の槇村は守らねばならない、綱は伊藤博文から頼まれていた。京都の借りを返す意図もあったのか、伊藤博文から綱に「高島炭鉱」の情報がもたらされる。

「炭層は一〇尺が一層、八尺が二層、炭質はきわめて上質、長崎・上海へと販路には困らない。政府として相応の希望者がいれば、これに払い下げる用意がある」と。

綱は後藤象二郎に話を持ちかけ払い下げを受ける、代金は五〇万円。

明治八年、綱は後藤から高島の経営を任された。高島の近郊の端島(後に軍艦島と呼ばれた)・大島・香焼島の三鉱山をも買収し、順次開抗した。

明治九年六月の出炭は毎月約三万トン、利益は五万円を計上した(米価換算では一万倍となり、五億円相当)。

明治一〇年「西南の役」。西郷の挙兵に呼応して、土佐・立志社の幹部達も、政府転覆の計画を図った。しかし計画は政府の知るところとなり一味は検挙された。綱も計画に関与した容疑に問われ、新潟監獄で一年間、禁獄生活を余儀なくされた。その間、高島と端島・大島・香焼島の四つの炭鉱は、岩崎弥太郎に譲り渡されてしまった。この弥太郎が莫大な借金と共に、後藤から引き継いだ高島炭鉱。弟の弥之助が三菱の第二代目社長となり「海から陸へ」と方針を転換となる。

その時、三菱にとって将棋の飛車と角のような役割を担ったのが、高島炭鉱と長崎造船所だった。高島・端島の石炭は、上海・香港・シンガポールへと販路を広げ、収益は日清・日露戦争から戦後の復興期に至るまで、三菱の発展における最大の原動力となった。

綱の逮捕・入獄されることがなければ、三菱は船会社に留まっていたかもしれない。「国家反逆罪」は、いつの時代、どこの国でも、死罪ないし終身刑が相場だが禁固一年の身代わりに、「形だけ」土佐の大政・小政(立志社の幹部)達が服役したのである。

綱の入獄中、明太郎は東京と新潟を往復した。綱の依頼で明太郎は英和辞典、英語独習案内などの書物を購入し、新潟の監獄に送った。綱の英語は全くの独習であったが、入牢中も勉強を忘れてはいなかった。『官令新誌』を取り寄せ、政府の新たな方針、施策を知るなど、無為に日を過ごすことのない綱の獄中生活に、明太郎は多くの訓(おし)えを学んでいた。

三　工業は富国の基

綱は高島炭鉱を離れた後も炭鉱経営に熱意を持ち、明治一八（一八八五）年、佐賀県「芳谷(よしのたに)炭鉱」の払い下げを受けたが、経営の実務は明太郎に任せることにした。

明太郎は二七才、炭鉱機械をイギリスから取り寄せ、炭鉱と唐津港間に軽便鉄道も敷設した。炭質は火力が強く、鉄道、セメント、ガラス工業にも用途が広がった。明治二五年・六万トン、三七年・一八万トン、四二年・二二万トン。経営は順調に推移し、明治二七年に、社名を「竹内鉱業所」とした。そして明治三五年には石川県、「遊泉寺銅山(ゆうせんじ)」も買収し、日本でも有力な鉱山会社となっていた。

炭鉱は地下での作業、英国製の一流の機械といえどもよく故障した。地質、風土が違う故である。炭鉱に付属の鉄工所を設ける必要に迫られた。

85　四　竹内明太郎

「唐津に一つの機械工業を興したい」

明太郎は基本構想(工場設備の選定と製作機種の選択)に時間をかけた。「唐津の旋盤」、明治四四年、旋盤の第一号機は鮎川義介の戸畑鋳物に納入。池貝鉄工所、新潟鉄工所、大隈鉄工所と並び一流の工作機メーカーになった。

日本の有力な炭鉱経営者には「幸袋製作所」を経営した大正鉱業の伊藤伝右衛門のように、「鉱山機械」の修理と製作にまで仕事の領域を広げた者はいたが、その一歩先となる、「工作機械」の製作にまで足を踏み入れた者は竹内明太郎ただ一人だった。

鉱山機械は鉱山の採掘という用途に限られ、地層により仕様を異にする、いわばローカルな商品であり、メーカー間の競争が少ない。これに対し、工作機械は一流工業国にのみ作れる国際商品なのだ。中途半端には取り組めない事業である。明治四四年、明太郎は、芳谷炭鉱を三菱に売却、資金を唐津鉄工所の設備の強化と人材の育成に投入した。

「遊泉寺銅山」遊泉寺の銅の産出は明治初年、年に六トンに過ぎなかったが、電気精錬など欧米から最新の技術を取り入れ、大正四年には、年六一二トン、生産は一〇〇倍に増大した。鉱区も一一四万坪、従業員一六〇〇人余、活気溢れた鉱山町に発展していた。

「鉱山は掘りつくせば、いつかは鉱脈はなくなってしまう」

銅は輸出の花形、日本の銅山は繁栄の中にあったが、竹内には今が転機との思いが強くなった。日本の機械工業における最大の難所は鉄、上質な鉄鋼の不足にあった。

「製鋼から機械の製作まで、小松には一貫した工場を造る」。鉄鋼を自製することにより製品の特徴が生まれ、それが強みとなり、競争力が倍加するに違いない。巨額な設備投資となるが費用は惜しむまい。明太郎は決断した。

「小松鉄工所」の設立は大正六（一九一七）年。外販をはじめたのが大正九年の不況期であった。多種少量生産によるコスト高、販売競争の激化で最悪の状況が続いた。苦難期、経営を支えたのは電気製鋼技術の優秀性だった。関東大震災における復旧用の橋脚、鉄道・電鉄の部品、鋳鋼の需要は、電気製鋼の長い冬、苦難期の「防雪林」となっていたのだ。

昭和六（一九三一）年、大型プレスへの挑戦、昭和一三年には、日本初のトラクター、その後も日本初のブルドーザーと続き、ついにコマツは産業機械の雄となっていくのである。コマツが北陸の地に根を下ろしたもう一つの要因は、明太郎自らが養成所の所長となって作り上げた「見習生養成所」かもしれない。近くの金沢は江戸期から伝統工芸の街である。ひとり一人が師承の異なる流儀で仕事をする。新しい酒は新しい皮袋に、真白な無垢の新人に新しい技能を教える必要があった。遊泉寺銅山、近くの農村の子弟には能力があっても経済的に上級の学校に進学が出来ない子供達がいた。コマツの見習生養成所は彼らの憧れの学校となった。

87　四　竹内明太郎

明太郎は自信の持てる製品が出来るまで外部への販売は一切させず、その間竹内鉱業所の持てる資力を惜しみなくコマツの設備の強化と人材の育成に注ぎ込んでいた。明太郎の不退転の決意から滲み出た経営理念なのである。遊泉寺銅山の鉱山機械の修理に満足しているだけの会社ならば、世界に雄飛する産業機械の雄、コマツは今この世になく、銅山の閉山と共に企業の活動は終わっていたであろう。挑戦を続けることで、どんな風雪にも耐え得る強靭な会社が生まれたのである。

明太郎は遊泉寺銅山、小松製作所を度々訪れた。

「鉱山の現場視察に行くときは、いつも古びた洋服に巻き脚絆、草履履きといういでたち。現場で出会った抗夫にも、いちいち脱帽して会釈を返していた」

「独立心なく卑屈なるを嫌い、為さざる者を咎め、為して失敗する者には許す度量を持っていた」

「名声や金銭に頓着せず、衣食住は正しく生きていくための方便としか考えていなかった。自分を高しとするような人は、それが学者、実業家、技術者、政治家であれ大嫌いだった」

当時の部下達はそう語っている（『沈黙の巨星　コマツ創業の人・竹内明太郎伝』）。

四　早稲田理工科の寄付

明治三二（一八九九）年九月二六日、福岡日日新聞（西日本新聞の前身）の創刊六〇〇〇号に紙面

二ページの大論文「我をして九州の富人たらしめば」が掲載された。寄稿者は森林太郎(鷗外)、小倉第一二師団、軍医部長。かねて知り合いの主筆、猪股為治(ためじ)から記念号に執筆の依頼を受けていた。直方駅で人力車の乗車拒否に合い、炭鉱主からの正規料金の何倍かのチップに執筆の慣れた車夫の横暴に、金まみれの人心荒廃を慨嘆して意見を寄せたのである。

反響は大きく、この一文に衝撃を受けた炭鉱主がいた、明治鉱業社長の安川敬一郎だった。

「財産は国家のために使うべきで子供のために残さない」

彼は寂しい田舎町だった「戸畑」に「明治専門学校」(現・九州工業大学)の設立を計画。明治四二年、採鉱・冶金・機械の三科で開校、二年後には応用化学と電気の二科を加えた。同じ頃、明太郎も九州の「唐津」に工科の大学を計画していた。

日清・日露戦争の勝利は日本の資本主義勃興期を呼び、鉄道、紡績、造船、製鉄会社の設立が活発になっていた。東京工業学校の学生もその方面に吸い取られる。毎年一名、採用出来たものが、九州・唐津鉄工所を希望する卒業生はいなくなった。

「工業は富国の基、唐津に工科の学校を作ろう」

東京工業学校・手島精一校長に相談し、帝国大学、東京工業学校の優秀な学生を選抜。教授養成のため五年間の海外留学、欧米の大学に派遣した。

何かにつけて早稲田とはライバル関係にある慶應義塾大学。慶応義塾は福澤が安政五年、江戸・鉄砲州、奥平家の中屋敷に蘭学の家塾を開いたのがはじまりである。早稲田の創設はそれに遅れること二五年。しかし明治四一年、「理工科」を開設、慶応大学工学部が出来る三八年も前に「走者一掃、大逆転の一打」を放ったのである。早稲田は明治一五年、前身の「東京専門学校」の創設時に、政治経済学科、法律学科と共に「理学科」を開設した。しかし、志望する学生が少なく三年で閉鎖、世は未だ工業の黎明期だった。

再度の挑戦、明治四〇（一九〇七）年、早稲田は建学二五周年事業として積年の夢であった、理工科の開設を発表し、募金活動にはいった。

「草創期の早稲田は、政府からは〝謀反人養成所〟のレッテルを貼られ、入学志願者父兄への威しや銀行融資の妨害、官公吏の出講停止措置まで取られていた」（『稲門の群像』）

「在野の精神」だけでは、資金も生徒も集まらず、計画は立ち往生していた。特に困難だったのは教授の陣容で、早稲田は理工学の分野には土地勘も人脈もなかったからである。東京工業学校手島精一校長に話が持ち込まれ、手島は明太郎に話しをつないだ。

明太郎と安川の構想は近接し交差（クロス）していた。

「これは考えてみよう。唐津と戸畑、北九州に二つの工科の学校はいらないのかもしれない」

明太郎は早稲田の申出を快諾、養成し準備をしていた教授、設備の一切を寄付することを決断した。

この時の明太郎が寄付した人材は早稲田大学理工学部発展の礎となった。「大隈講堂」の設計者、建築学科長の佐藤功一をはじめ、機械学科長の遠藤政直、電気学科長の牧野賢吾、採鉱学科長の小池佐太郎と海外留学の後に、小松製作所の要職に就き、手塩にかけて育成してきた中村康之助、西岡達郎、岩井興助など粒揃いの精鋭達だった。戦前の二〇年間に亘り早稲田大学の理工学部長となった「山本忠興」もその一人。山本は明太郎の妻・亀井の兄、山本忠秀の子、甥である。

理工学部長、山本の専門は電気工学、電子・情報通信の技術分野に活躍する俊英を育てたが、以上総代で一名を選ぶとするならば、ソニーの井深大になる。また、山本はオリンピックアムステルダム大会の総監督、日本選手団長を務めるなど、スポーツの振興にも寄与した。

ライシャワー博士（ケネディ大統領時代の駐日大使の父）と山本の二人は「東京女子大学」の校賓。山本は昭和一三年から亡くなるまで、ライシャワー博士の後を継ぎ一三年間、理事長を務めた。戦時中は学園の維持に、戦後は大学の再建のため、山本は募金・財政支援の先頭に立っていた。山本の最後の仕事となったのは「国際基督教大学（ICU）」の創立である。生命の尽きる日まで山本は、日米の募金活動に、用地の選定に、常に活動の現場に顔を見せた。山本の考え方の根底にはいつも、「国境を越えたもの」という選択があって、「自分にとって宗教と科学とスポーツがそれだ」という。

（『早稲田百人』髙木純一）

科学とスポーツの前に宗教があるのは、夫婦共に敬虔なクリスチャンだったからである。明治維新になっても「切支丹・邪宗門の儀は堅く御禁制」、ヤソ教は毛嫌いされていた。二人は土佐と丹波の旧家の生まれであり、結婚には双方の親族共に猛反対だった。それらをなだめ、どうにかなんとか丸く収めたのは妻の叔父・田健治郎と夫の叔父・竹内明太郎。DATのDとTの二人、ウソのようだがこれは本当の話で、世間は広いようで狭いのだ。

結婚式は明治四〇（一九〇七）年九月、二人が出会った富士見町教会（東京・飯田橋）。嫁入り支度を整え、妻・綾子の親代わりを務めたのは田健治郎夫妻だった。田健治郎日記には随所に、「山本夫妻来訪」の記述が見られる。喜びの時も悲しみも人生の折節には欠かさず、夫妻揃って報告に参上していたのである。

五　無名の英雄の死

『文藝春秋』は、平成一四年二月の創刊八〇周年記念号に読者が選んだ「誇るべき日本人」八〇人を発表した。

吉田茂（六九五票）・司馬遼太郎（六五四票）・昭和天皇（三一二票）がベストスリーである。

第一位の「吉田茂」は、敗戦により誰もが自信を喪失していた時代にも、言語がいささかも揺らが

ず、敗戦によってもうちひしがれない男だった。政治ストを煽る男達を「不逞の輩」と断罪し、単独講和に異を唱える南原繁東大総長を「曲学阿世の徒」と切り捨てた。

日本の農業統計はデタラメ、と吉田を攻め立てるマッカーサー元帥には、「戦前にわが国の統計が完備していたならば、あんな無意味な戦争はやらなかったし、また戦争に勝っていたかもしれない」と切り返した。これほどの怖いもの知らずの吉田にも、頭の上がらない人が一人いた。「茂、茂」と、いくつになっても、領事や大使になっても呼び捨てにする実兄の明太郎である。二人が顔を合わせたのは明治二〇年一二月、茂・八才、明太郎・二五才の時だった。

「保安条例」により、自由民権運動家達は、帝都三里を追放になり、竹内綱と明太郎は、吉田健三を頼って横浜に移り住んだ。自分が養子の身であることを知らなかった吉田の前に、「私のことを呼び捨てにしたり、横柄なものの言い方をする男達」が突然現れたのである。

やがて竹内綱と明太郎は東京へ戻り、二年後、吉田健三が亡くなった。

「父の死後は塾から家に帰れば養母（『言志四録の著者、佐藤一斎の孫・士子』）と私の二人暮らし、寂しい家庭に、寂しく暮らす月日が何年となく続いた」（吉田茂『世界と日本』）

中学に入ると、吉田茂も思春期である。自分一人だけを養子に出した親への怒りと、養子であることを隠してきた親への反発。そして、「茂、茂」と呼び捨てにされた兄が、なぜか懐かしく思うよう

になる。転校を繰り返し、学習院に編入学、兄の住む麻布笄町の近く、「広尾八八番地」に居を移した。ここは吉田の自立の地、自由に大空を羽ばたく翼を整えたのだ。

『竹内明太郎日記』には「茂」の名前がいく度も登場する。学習院から東大への編入学、外務省入省など、人生の岐路にあたって吉田は相談に訪れている。

外務省へ提出した吉田の履歴書では、「東京府豊多摩郡渋谷村広尾八八番地」が本籍と現住所だった。吉田屋敷は今はない。フランス、ドイツ大使館に近く、ビルの街に変わっている。外交官時代に売却、男を磨くための費用となったのであろう。快進社創立の明治四四年、吉田茂はイタリア大使館三等書記官であり、すでにここに住んではいなかった。この地を橋本に提供した明太郎には、弟と橋本に何か重なり合う思いがあったのかもしれない。

アメリカに鉄鋼王と呼ばれた男がいた。製鋼所を売却、その資金で慈善事業を行なった。カーネギーホール、カーネギー工科大学……。満天の星の如く、カーネギーの名を今に残した。大正五（一九一六）年、明太郎の後半生はカーネギーとは正反対「竹内」の名をこの世から消し去ることだった。大正一〇年、小松製作所を独立、昭和三年、鉱山経営の本拠、東京・明石町の竹内鉱業所を閉鎖。竹内鉱業所から唐津鉄工所を独立、同九年、遊泉寺銅山を閉山。

昭和二（一九二七）年九月一二日、橋本増治郎は竹内明太郎を茅ヶ崎の海岸に訪ねていた。麻布笄町の自宅を債務の返済に当て、家族名義で求めておいた別荘が終の住み家か。明太郎は晴耕雨読の日々をおくっていた。相模の海を前に二人は往時の思いを語りあった。鉱山は掘りつくせば、いつか鉱脈はなくなってしまう。鉱山の子供達に、その時いったい何が残るのだろうか。橋を架け道を造っても、橋は水に流れ、道は草に埋もれてしまうのだ。

「工業ハ富国ノ基」

炭鉱と銅山、世上の富貴に未練を残さず、工業に半生を捧げてきた。志二〇年、しかし思うようにはいかなかった。日本の工業はいまだ夜明け前。ダット自動車は米国資本の進出に苦しみ、小松製作所は長い不況のトンネルの中にいる。

「道は間違ってはいない、この道は明日へ、未来へとつづく道」

工業は英国が二〇〇年、米国が一〇〇年を要した大事業なのだ。教育が整い人材が揃えば、必ずや日本も世界の空に翼を広げ飛翔する時が来るに違いない。

初秋の海原、夕陽のきらめく輝きの中に、いつしか二人の時は止まっているかのようだった。

昭和三（一九二八）年三月二三日、竹内明太郎逝去、六七才。

早稲田大学の創設者・大隈重信は生涯にわたり、竹内明太郎のことを「無名の英雄」と称えていた。

五 鮎川 義介

Yoshisuke Ayukawa

1880-1967

ダットサンの忘れえぬ七人

一 「貴様はエンジニアになれ」

鮎川義介は明治一三（一八八〇）年、長州の名門士族・大組の嫡男として山口市に生まれた。

明治の藩閥時代、長州出身者は軍人、政治家となり要職を占めたが、鮎川の父、弥八は虚弱体質、若き日軍人を志望するも教練にはついてはいけず、実業の方面は性に合わず帰郷。田舎の小さな新聞社、防長新聞の支配人となった。仕事は校正と会計係の安月給取り、二男五女の子沢山で生活は貧乏士族の典型だった。

実の父に代わって鮎川の人生の指南役となったのは元勲、井上馨侯爵、母方の祖母の弟（大伯父）である。井上に子はなく、鮎川の兄弟は実子のように井上の庇護のもとに育った。

鮎川の山口高校時代のある日、井上侯は生徒達に演説。

「政治家が多すぎる。諸君は国の富をふやす実業家になりたまえ」

その夜、侯は鮎川を宿舎に呼んで「貴様はエンジニアになれ」と申し渡した。

「私は無条件でその方角に進学することを誓った。私が他日、工科に進学したのは特に自分が工科を好んだというのではない」と鮎川は『私の履歴書』に書いているが、井上侯は聡明で利発、鮎川の適性を判断したのだろう。

それから数日して侯から、

「他人のめしを食わんと人間になれんでのう」

と北条教頭宅に送り込まれた。

北条時敬、教え子の代表を二人選べば西田幾多郎と鈴木大拙である。哲学と禅、ともに近代日本を代表する知の巨人である。北条の専門は「数学」、鮎川は数学者のように合理主義、無駄を省き徹底して「論理」と「本質」を追求していくこととなる。

明治三三年鮎川は東京帝国大学・工科大学機械科に入学。麻布内田山の井上侯爵邸（現、港区六本木、「国際文化会館」）に寄宿する。鮎川は産業界に絶大な影響力を持つ元勲、井上侯、井上馨の係累である。

卒業後、鮎川が選んだのは日給四五銭、当時の相場の三分の一の給料で、菜っ葉服を着て現場で働くこと、身分、学歴を秘して「芝浦製作所」（現、東芝）の仕上げ職場がそのはじまりだった。井上家を訪れる実業家達は、茶を運ぶ書生への言動・態度と、井上侯の前での態度とはあまりにも落差が大きく、鮎川の眼には表裏あるように映り、尊敬し仕えてみたいという人物がいなかった故という。どこへでも望むままに就職が出来る立場にいた。しかし、彼はこのカードを使わなかった。

卒業試験の準備中、製図板の上に喀血したことも動機となった「肺病」の疑いがあるという。当時、結核は死に至る病。自分の人生、その先の未来を諦めねばならなかった。

箱根・宮の下での療養生活、苦悩と葛藤の日々。

後に「肺には異常がない」という診断に救われた鮎川だったが、帝大出のエンジニアとはいえ、用意されたコースを歩くことは、何か虚しい。そんな心境になっていた。

生きることが実感出来る仕事とは何か。鮎川の結論は、もの作りの現場に入り自分で見つけることだった。

鮎川は芝浦製作所の職工として二年間、現場で働いた。職場は仕上げ、組立、機械と移り、そして最後に出会ったのが「鋳物」だった。鋳物工場は３Ｋ（汚い・危険・きつい）の代表のように言われるが、働く人達の離職率は低い。何故か男を引きつける、不思議な魅力のある仕事なのである。うまくいって、同じ手順で次に作っても不良品になったり、失敗を重ねていても温度や湿度のちょっとした加減で、品質の良い鋳物が出来たりする。

日本の鋳物は奈良の大仏鋳造にはじまったが、技術は旧来のまま、性質は堅いが脆く壊れ易い。文明開化のシンボルであり、黒船と陸蒸気や、動力源の「蒸気機関」など、キー・テクノロジーは鋳物である。成分の炭素をある種の処理により少なくし、粘りを持たせた「可鍛鋳鉄」、これは安価でかつ複雑な形状の工業製品にも対応が出来た。

「本場で鋳物の修業をしよう。日本の工業に不可欠な可鍛鋳鉄の技術を」

明治三八年（一九〇五）年一一月一六日、鮎川はアメリカに旅立った。戦後、日本の機械、電気工

業が世界に飛躍出来た最大の要因は、米国の技術と生産方式を学んだことにある。アメリカ工業の先進性に注目し、選択したのは技術の潮流を観る鮎川の炯眼(けいがん)、センスが非凡だったことを物語っている。

アメリカで鮎川の選んだ修行の場所は、MITのような工科大学でも有名企業の研究所でもなく、ニューヨーク州バッファロー市郊外・デピューの町、汽車の連結器を造る鋳物工場、「グールド・カプラー社」の現場だった。バッファロー市はナイアガラ瀑布で有名な観光都市として知られるが、二〇世紀の新しいエネルギーとなった電力、水力発電所のある工業の町でもあった。鋳物工場の労働者はポーランドなどの東欧系の移民が多く、日本は世界の大国、自分達の祖国を幾度も侵略したロシア帝国を破った国として、日本人の鮎川は働く仲間内で尊敬のもてなしを受けていた。週給五ドルの見習い工とはいえ、寄宿先の親方・オローク家は、家族同様のもてなしを受けた。

鮎川はジーンズのシャツとズボンの作業服で弁当を下げ、リンゴ畑を横切り鋳物工場に通った。鮎川は人種差別も排日思想もなく、寛容で親切、勤勉で向上心に富む工業の町・デピューで青春の一時期を過ごした。親米派の経営者だった、鮎川の原風景がこの町で刷り込まれていた。

米国での鮎川と自動車との出会いはどうであったのか。工場主のグールド家はホワイトというガソリン車を持っていた。休日、鮎川は一家の人達とドライブを楽しみ、自動車の運転も習った。デピューではたった一台の自動車。自動車は高価な一部の金持ちの贅沢品の時代だった。

鋳物修行を終え、帰国。鋳物工業への出資者も決まり、設備の買いつけに鮎川が再度渡米したのは一九〇八年、二年後のことだった。

この一九〇八年には、デトロイトで自動車史に残る三つの大きな出来事が生まれていた。デュランドがビュイックを母体会社にキャデラック、オールズモビル、オークランド（後のポンティアック）を買収。ゼネラルモーターズ（GM）を設立。

彼は自動車市場に無限の可能性を見出し、多種の自動車を生産する大企業の将来性を信じていた。たとえある年に、あるモデルが売れなくとも他の車種が会社の収益を支えてくれる。単一車種のみの生産では、常に倒産の危機と危険を背負うからである。

一九〇三年にフォードモーターを設立。A型・B型・C型と改良を重ねていたフォードは、一九〇八年、T型、後に「フリヴァー」、「ティンリズ」の愛称で呼ばれるクルマを完成した。これまでの自動車は金持ち階級の贅沢品だった。しかしフォードT型は操作が簡単で誰にでも運転が出来、維持費も安く、修理が容易、二〇馬力、四気筒、価格は八五〇ドルという「アメリカの大衆のためのクルマ」だった。

翌、一九〇九年、フォードはT型以外の生産を中止し、全ての生産をT型に集中したのだった。

一九〇八年、キャデラック社の社長、ヘンリー・リーランドはキャデラック三台を英国に送った。三台は王立自動車クラブの試走場で解体され、部品は任意に選択、組み替えられ、再度三台のクルマに組み立てられた。三台は五〇〇マイルのテスト走行にも成功、アメリカ自動車工業の精度と水準の高さを証明、「トーマス・デューア卿 杯（トロフィー）」が授与された。

一八〇〇年、スプリングフィールド銃の大量生産のためにホイットニーが「部 品 互 換（インターチェンジャブル・マニファクチュアリング）生産方式」を創案した、この銃の部品点数は約五〇点。この「部品図」「専用工作機」「型・治工具」「検査ゲージ」の四点セットよる生産方式は、約一〇〇年後の一九〇八年、ついに一〇〇倍、部品点数が五〇〇〇点の自動車生産への適用に至った。

「アメリカ式大量生産システム」が完成、世界に認知されたのである。この方式は、「フォードシステム」とも呼ばれるが、その本質はコンベアにあるのではなく、「精 密（プレシジョン）」の二文字がついた大量生産であって、「精密機械工業」を実現したことにある。四点セットの生産方式により、部品加工の精度が1/10㎜から1/100㎜にひとケタ向上（アップ）し、これにより接合する部品相互間の凹凸（おうとつ）を削（けず）る、現物を合わせる仕上・修正（ファイナル・タッチアップ）の工程（熟練者の技能）が不要となり、流れ方式による大量生産、コンベアによる自動化を可能にしたのである。

移民の国アメリカの工業、その素朴な生産技術が産業革命を主導し、大勢の熟練者を揃えた英国に

103　五　鮎川義介

追いつき、追い抜いた瞬間だった。トーマス・デューア卿杯の授与は、「二〇世紀はアメリカの世紀」の幕開けを告げる鐘となった。

「こいつは自動車のほうがよかったかも知れない。しかしここで初心をひるがえしては出資者の信義を裏切ることになる。途中から横道にそれるわけにはいかない」

鮎川は、エリー湖の対岸、デトロイトの町から何か地響きのような、新しい工業の勃興を告げる地下のマグマのような活動を感じはじめていた。

二 異色の経営者の誕生

明治四三（一九一〇）年六月、鮎川は親族、弟・政輔が婿入りした藤田家、妹・キヨとフジの嫁ぎ先、久原（くはら）家、貝島（かいじま）家、井上馨の周旋により三井家の出資を得て、資本金三〇万円（米価換算、二六〇倍、七億八〇〇〇万円）、「戸畑鋳物」を設立した。

鮎川義介は三〇才であり、ここに「異色」の経営者が誕生した。

まず、その異色ぶりに驚いたのは福岡県庁や戸畑町役場の役人だった。社長は帝大出、米国帰朝、井上侯の肝煎（きもい）り。三つ揃いの背広に金の懐中時計の経営者を想定して鮎川を訪ねるが、入り口近くの机で何か図面のようなものを描いている、作業着の若者こそが社長の鮎川本人だとわかると、役人達

はあっけに取られた。何しろ忙しく、仕事で会社に泊まりこむこともしょっちゅうだった。
これまでの日本の鋳物はあちこちの職場を巡り修行をつみ、腕を磨いた「渡り職人」が作っていた。
苦労して手に入れた技能はかけがえのない大切な財産であり、それを捨てて鮎川のやり方に従うことには抵抗が大きかった。鮎川は熟練の鋳物工を使うことを止め、全くの素人、近くの農村の子弟を採用、社長自ら米国本場仕込みの鋳物作りを教えた。鮎川の手は、油と砂で磨きこまれた鋼のような技術者の手だったという。

戸畑鋳物の経営は創業三年、毎期赤字続きだった。本場、米国仕込みの可鍛鋳鉄といっても本邦では初物である。ひょうたん印のブランドはまだ日本の産業界では誰からも認知されていなかった。欧米で可鍛鋳鉄、第一のお得意先は鉄道。しかし日本では鉄道建設以来、車輪からレールまで米英からの輸入品が市場を独占していて、鮎川が売り込みに行っても、相手にしてはもらえなかった。鮎川が戸畑の主力製品にと考えていた鉄管継手も事情は同じだった。東京・大阪のガス会社、水道局も舶来信仰は強烈。鮎川は両手に重い製品のサンプルをカバンにつめ東奔西走、汗だくで売り込みに走り回ったが結果はいつも失敗、失意と挫折の連続だった。

出資者の一人である、貝島太助氏が義俠心、一肌脱いでくれた。貝島炭鉱、炭車の車輪、捲上機のバケット、チェーンに試験採用、結果は上々だった。可鍛鋳鉄製は値が多少張るものの、銑鉄に比べ耐久性は二〇倍以上。貝島での実績により筑豊炭鉱一帯に戸畑鋳物、ひょうたん印のブランドが広

105　五　鮎川義介

まっていった。鮎川にフォローの風も吹きはじめた。大正三年、第一次世界大戦がはじまり、欧米からの工業製品の輸入が途絶し、需要は一気に膨らんだ。「大戦景気」である。

ここでも鮎川は「異色」だった。世の経営者の如く好景気に浮かれ、投機、思惑に走ることもなく、料亭、別荘には一切関心を示さず、生涯無縁だった。結婚をし、通勤には背広、山高帽子にカバン姿に変わったものの、現場では相変わらず作業着姿で、鮎川唯一の趣味、仕事一筋の毎日だった。大正六年には、創業三年余の累損を一掃した。翌大正七年の需要はピークに達し、大正八年の下期、一八九％の配当を行ない、赤字の間も支援を続けてくれた株主に報いた。これは鮎川唯一の大盤振る舞いといえるものだった。

大戦が終結、途絶していた輸入が再開されると、多くの分野では欧米製品が市場に復活していた。需要が増えると国産品は品質が安定せず、粗悪品が多くなり評判を落としたが戸畑鋳物のひょうたん印は欧米製品に遜色はなく、使用者の期待を裏切らなかった。鉄管継手は市場から欧米製品を駆逐、戸畑鋳物のドル箱、主力製品に育っていった。

鮎川は大正一一年、大阪木津川に継手専門の工場を建設、これまでの四倍、生産能力を年四〇〇万屯に引きあげた。この工場は日本随一の機械化された流れ作業の工場として有名になった。専売公社のゴールデンバット工場、森永キャラメル工場、野田の醤油工場、戸畑の継手工場。四つの工場は日本の近代工場の範として、経済的に貧しく上級学校に進学が出来なかった職人達や、中小企業の経営

者が見学に訪れ、機械の配置、管理の仕組みを熱心に学んでいった。中には自動化ラインを写真に撮り、自分の会社の宣伝に流用するというつわものもいた。

大正一〇年、不況により経営が行き詰っていた「帝国鋳物」を買収、大型・高級製品であるロール鋳物を加え、欧米製品に負けない堂々たる鋳物会社に成長していた。鮎川はまだ四二才、田舎の鋳物会社の社長として生涯を終わるには若すぎた。異色振りを発揮するのはこれからである。

大正一三年「鋳物研究所」を開設。その成果により、これまでの反射炉を「電気炉」に切り換え、更に「電気焼鈍炉」を採用、焼鈍時間を一〇日から三〇時間への短縮に成功した。

これは欧米に先駆けた技術となり、工業先進国をしのぐ生産性を達成した。この研究・開発の中心人物、菊田多利男博士は昭和一五年「鋳物の研究」により学士院賞を受賞、世界的偉業と評価された。デミング賞、大河内記念賞などの権威ある顕彰制度が充実している現在と比べ、戦前、工学関係の研究が評価される機会は稀であった。その唯一ともいえる学士院賞にしても医学、科学分野がほとんどで、工学系統は平賀譲の「高速度艦船の研究」など、軍事科学が主流だった中での受賞なのである。

鮎川は大正一四年から宿願だった鉄管継手の輸出に取り組み、昭和二年には、可鍛鋳鉄の本場・米英への輸出にも成功した。これは、日本の工業製品としては最初の例であり、本邦初の快挙として報道された。

輸出について鮎川の指示は、法三章の具体論だった。

一、相手国市場の二〇％を限度（ロット）とする。
二、海外からの注文は、小さな数量でも断ってはならない。
三、赤字は累積一〇〇万円まで認める（米価換算、二二億円）。

経営の核心を直感・端的な言葉で指示する、日本工業の黎明期、指揮官、鮎川の非凡さと経営姿勢が滲み出ている。

これまで鋳物一筋だった鮎川が異業種に手を広げたのは大正一一年、「共立企業」を設立し、後に「鮎川のボロ買い」と世間から冷笑された異色の活動を開始した。手持ちの余裕資金に貝島の出資を合わせ資本金五〇〇万円、大戦後の不況で経営が不振の中、しかし将来性がありそうな会社を物色したのである。

動機は人事、日本の社会では若い優秀な人がいても上を飛び越えての抜擢は難しい。異業種の別会社を設立して上の人間を送り込めば、この解決の妙案が生まれるのではないか、と鮎川は考えた。五年間、営業担当の山本惣治と二人、四・五〇の会社を調べたが、獲物は二社だけだった。

「企業の栄枯隆替（りゅうたい）は運を別として、中心人物次第だが、企業の命取りは中心人物の麻痺症（まひ）が病根だ」。これはと思う会社も根は腐っていたからである。手持ち資金もすぐに底をついた。大きな仕事をしようとすれば、個人資産によるのでは限界があり、銀行もまだ無名の経営者、鮎川には貸してくれない。

「資金調達法の創案」、これは難問だった。

二社は電話機の「東亜電機」と玉鋼で有名な「安来製鋼所」、結果として自動車電装品と特殊鋼、後の自動車工業進出のための重要な布石となっていた。

戸畑の技術力を評価したのは当時、フォードを抜いて世界一の自動車会社になっていたGM（ゼネラルモーターズ）。大正一四年の関東大震災では、交通機関は鉄道も市電も壊滅、東京市は緊急に納期が早く価格の安いフォードのトラックシャシーを一〇〇〇台発注した。円太郎バスの登場である。日本市場は有望、フォード社は大正一四年横浜に、GMは昭和三年大阪に、現地組立工場（ノックダウン）を建設。日本は年産四〇〇台、米国は一万倍の四〇〇万台、日米の自動車生産には天と地の格差があった。フォードは専用部品を本国から持ち込んだが、GMは自社製にこだわらなかった。鮎川はGMの部品納入に挑戦、これは容易なことではなかった。試供品（サンプル）を本国へ送り厳しいテストを受ける。不合格を何度も繰り返し、倉庫が返品で山積みになったこともあった。可鍛鋳鉄（マリアブル）の製品は足回りの重要保安部品（シャシー）を構成するため、検査を厳重にした。不合格品を手直しして納品することは絶対認めず廃部品は必ずハンマーで壊すことを徹底させた。

しかし、一度採用が決まると、たとえ世の中が不況になっても発注数量が減ることもなかった。世界恐慌が襲来し、高級・中級車の需要は減少したが、大衆車シボレーは逆に伸びていたからである。

鋳物修行時代、鮎川が見たものはアメリカの豊かさだった。子供達はみな靴をはき、どんな田舎にも電話とミシンがあった、その豊かさを生み出しているのはアメリカの自動車工業だった。しかし自動車工業は巨大な設備投資を必要とし、販売まで考えると膨大な資金を要する。個人の資産や利子のついた借金では成り立たない大事業であった。

三 久原鉱業の経営危機

　史上空前の第一次大戦景気が一転、日本の産業社会は暗く長い不況のトンネルに入った。大戦の反動不況、震災不況、そして昭和の金融恐慌。その底流に堆積し、財界の癌となっていたのが、大戦バブルの後遺症であり、巨額な不良債権だった。投機と思惑の失敗、融資が焦げ付き銀行の経営が悪化。銀行と融資先は利害が絡み清算は進まず、債務は累積し巨大化していた。

　「○○銀行が危ない」、金融不安の風説が世上に流れていた。累積債務者の横綱と大関が、神戸の「鈴木商店」と東京の「久原鉱業」。共に大戦時には三井、三菱、住友に迫る勢いで規模を拡大し、傘下に多数の事業会社を抱え「大正財閥」とも呼ばれていた。

　大正が昭和に替わる前日、鮎川に久原鉱業の問題がのしかかってきた。陸軍大将、政友会総裁の田中義一が、妹・キヨの夫、久原房之助経営の久原鉱業が「銀行が相手にしてくれず、配当の金・一五

〇万円が出来ない。久原は胃潰瘍で吐血、おぬしひとはだ脱いでくれ」と駆け込んできたのだ。断るつもりで姉・スミの夫、三菱本社・総理事の木村久寿弥太に相談すると、

「そうなれば銀行の取りつけと同じ、金融不安に怯えている世間は大騒ぎ、日本の経済界は大混乱する。ここは食い止めるべき、お前ならきっとやり通す」一族の期待と支援が鮎川に集まった。弟・政輔が婿入りしている藤田家の文子未亡人が即決、一五〇万円の担保物権を提供してくれた。

しかし危機が去ったわけではなかった。バランスシートには、資本金を超える二五〇〇万円の穴があき、久原は倒産寸前だった（米価換算、一五〇〇倍、三七五億円）。妹・フジの夫、久原鉱業、監査役の貝島太市は別荘、土地、有価証券を簿価、一四〇〇万円、久原鉱業役員の資産供出も加え、なんとか当面の穴を埋めることが出来た。

時に昭和二年の金融恐慌。台湾銀行、鈴木商店など多くの会社が倒産、久原は寸前に難を逃れた。

久原危機の要因は二つ、本業の鉱業、銅価の急落がその一つ。南米銅山の開発、米国の安価な銅の攻勢に日本の銅は競争力を失い、輸出がストップした状態だった。住友、古河は電線という付加価値の高い二次加工部門を持ち、損失を最小限に食い止め得たが、採掘と精錬だけの久原は、銅価の急落が経営を直撃した。

今ひとつは久原商事の海外取引の失敗、雑貨の思惑による損失は一億円を超えていた。久原は鉱山会社、海外取引を監視・統制する組織も人材も欠落していた。

しかし、それ以上の病根を鮎川は常々憂えていた。空前の大戦景気に踊る久原、それは小坂鉱山・日立鉱山の開発に取り組んでいた若い頃の久原とは別人のようだった。六甲山麓、五万坪の別荘では、山頂から直径二尺のパイプを引きこみ、六甲の涼風を座敷に入れ客に自慢した。落成式には大阪・神戸の芸者を総揚げにしての大宴会。一事が万事、このスケールだったので、何かと桁外れの浪費と奇行が世上の噂となり流布していた。

倒産の危機を回避、とはいえ久原鉱業にかつての面影はなく、今まさに崩れんとしていた。

久原の残る道は、手を広げた事業を整理し、本業の鉱山会社に戻るのか、現状を維持しながら、事業を再編するか。鮎川は二者択一の岐路に立っていた。どの道を行くにせよ、まず先立つものは当座の資金。しかし、銀行はどこも巨額の不良債権を抱え四苦八苦の中、久原の面倒を見る余裕はなく、鮎川に手を貸そうとはしなかった。

東京・丸の内の久原鉱業の本社。苦渋（くじゅう）の鮎川はある日、久原鉱業の株主名簿を手にしていた。

「これは久原の残してくれた遺産・天然資源ではないのか。銀行には頼らず、大衆株主の資本を募り、事業を行なうのじゃ」

久原は問題だらけの会社、しかし株主名簿、ここに一万五〇〇〇人の株主がいる。過半は五〇〇株以下の大衆株主。

たとえひとり一人は大金持ちではなくとも、会社の支援者、この人達に協力者になってもらえれば

巨大なパワーとなり、久原を再建し、新しく大きな事業を起こすことも出来よう。昭和三年の株主総会、鮎川は久原再建の骨子を誇り社長に就任した。

久原鉱業を「持株会社」とする。

持株会社の株式を「公開」する。

社名を「日本産業」に改める。

傘下の事業会社を監理・統制する持株会社に改編した。

持株会社は三井、三菱、住友、安田のように一家・一族に限られたファミリーの専有物。株式公開の例がなかった。持株会社の株式を公開し証券市場からの資本調達、これは鮎川の新発明だった。

鮎川は経営する会社に私人名をつけることをしなかった。しかし、久原鉱業を「日立鉱業（旧地名は助川）」に代えただけでは、久原のイメージを払拭するには印象が弱い。

会社は日本全国の大衆株主のもの、日本の産業・公益に資するために事業を行なう。「日本産業」。鮎川は新会社名により事業主と目的を明確に打ち出したのである。証券市場の関係者は、日本産業を略し「日産（ニッサン）」と呼んだ。

久原の再建構想を世に打ち出したものの、春は来なかった。耐えるだけの日々が続いた。そんな鮎川に付いた呼び名が「天一坊」だった。

徳川八代将軍吉宗のご落胤と称して詐欺をはたらき死罪・獄門となった修験者の名である。無理もない、鮎川が大きく出た割には、日本産業の株価が昭和四年の六三三円五〇銭から、額面を大きく割り込み一一円九〇銭に下落していたからである。

四 「ダット乗用車完成」のニュースが

時は「昭和の大恐慌」の真っ最中。株価は鐘紡、王子製紙、日本郵船、日本石油の有名会社でも前年の半値以下だった。銀行は昭和元年の一四二〇行が、七年には五三八行と凄まじいまでに激減した。日本経済は危機的状況を示していた。日本の金保有高はピークの五分の一に、特に金解禁の二年間に七億円が海外に流出した。国庫の金は四億円、底をつく状況だった。

「ダット乗用車完成・小型無免許」（昭和六年五月五日）
「ダット自動車では昨年来ひそかに国産乗用車の試作研究を進めていたが、いよいよこの程試作車数台を完成したので、これが販売をなす外、目下大量生産に着手している。この乗用車は無免許目的に作られた極く小型の四輪単座席で、馬力は四〜五、価格は千円以下で売り出すはずである。国産乗用車の製作を計画しているものは二・三社に及んでいるが、ダットが見事先鞭をつけたわけで、市場へ発表されると共にかなりセンセーションを巻き起こすであろう」。以上の記事は、『明治の輸入車』の

著者、佐々木烈氏から提供。地方紙に「佐渡の自動車史」を連載、資料集めに「新潟新聞」を調査中に、ダットサンの記事があったので、とご送付いただいたものである。

佐々木氏は、新潟新聞は当時毎週、自動車界特集と映画界特集を交互に掲載しており、「自動車」と「映画」これが大正から昭和にかけて、日本における話題の双璧だったことがわかります。と書き添えてくれた。

昭和六年、世界恐慌下の日本、都市は倒産と失業者の群れ、しかし農村の暮らしは、もっと深刻で悲惨だった。生糸は恐慌により米国輸出が激減、価格は半値以下に、養蚕農家には大打撃となった朝鮮、台湾からの流入により米価が大暴落、大阪・東京の穀物取引所の立会いが停止となった。そして北海道、東北地方の冷害。生糸と米と冷害の三重苦により村々から子供達の声が消え、娘達は花街に売られていった。農業県、新潟とて例外ではなかった。しかし「ダット乗用車完成」のニュースは人々の心を癒し、暗い夜空の一番星のように新潟の人々に生きる勇気と希望を与えていたのである。

ダット自動車では後藤敬義技師の手により五〇〇cc、小型車の設計が進み、前年の八月に試作車が完成していたが、試算では価格が千円、月一〇台の生産で採算が取れる見込みだったものの、海外からの部品購入が予想外に多くなりコストアップ。新規の投資も必要となり、親会社の久保田鉄工所は、

これに躊躇した。

鮎川のもとに山本惣治がこの話を持ち込んできた。

「いちどこれを見てみたい」

さっそく試作車のダット九一型が一万マイルの耐久試験を兼ねて大阪から東京に。運転者は設計者の後藤敬義と甲斐島衛。

丸の内・戸畑鋳物の本社前で実車を見た鮎川は「これが売り物になるのか」と考え込んでいた。五〇〇ccまでの小型車は無免許、車庫不要だったが一人乗り、ドアは片側だけだった。

「うしろに酒樽が二つ積めれば、商用の用達にも使えるがのう」

「国産三輪車（六〇〇円）と比較し、あまり高くないなら将来性があります。価格はおよそ一二〇〇円、英国のオースチンセブンが一六〇〇円、モーリスマイナー一九〇〇円がライバルになります」

山本惣治の意見に鮎川は頷いた。

「自動車工業の手習いにちょうど良いかもしれん。とにかく一〇〇台（年）製造してみよう。三輪車の値段でしか売れなかったところで一台六〇〇円の損失として、六万円だからやってみよう」

「フォードソンの例もあり、名前はダットソンで良いだろう」

鮎川はその場で即決、ダット自動車の株式を久保田鉄工所から譲り受けることになった。

鮎川の異色、「不況期の積極経営」は健在だった。世界恐慌の真っ只中、戸畑鋳物の経営も苦しか

った。配当は一割から、昭和五年に六分、六年には四分に減配。社員の給与は二割カット、昇給は二年間停止していたのである。もし鮎川が並みの経営者だったならば、ダットソンがこの世に生き残ることは難しかったに違いない。大不況の中、自動車への思いはだんだん強くなっていた。

「どうにかして日本から貧乏をなくし、失業者のいない社会を作りたい、そのためには工業の発達が不可欠であり、工業をリードする自動車工業が必要である」

今、アメリカは世界大恐慌、しかしデトロイト、自動車産業の生産は落ち込んではいない。米国の鋳物修行時代から感じていた鮎川の強く鮮烈（せんれつ）な思いだった。自動車は巨大な設備投資を必要とし、販売まで考えると膨大な資金を必要とする。日本の自動車市場、道路を走るクルマのほとんどはシボレーとフォード。そこに割り込むのは容易なことではないが、一歩一歩前に進むしか方法はない。

昭和六年五月五日の端午の節句、新潟新聞の「ダット乗用車完成」の記事は暗い時代の夜明けを告げるニュースだった。

同六年九月、「満州事変の勃発」。戦争、人と物質が動き、物の値段が上がり生産が活発となる、「軍需景気」である。一二月、犬養毅（つよし）首相、高橋是清蔵相（これきよ）による金輸出の再禁止。経済の基調が、デフレからインフレに変わり、活況を取り戻したのは証券市場だった。

日本は金本位制から離脱、とはいえ通貨の基本が金にあることに古今東西変わりはない。鮎川は「産金量は金の買い上げ値段に正が底をつきかけていた。日本の対外信用が揺るぎかねない。

比例する」と論文に書き、高橋蔵相に面会し論旨を説明、蔵相はその場で即決、買入れ価格は一匁五円が六円、七円と繰り上がった。時節到来、鮎川は日本産業の鉱業部門を分離独立させ、保有していた「日本鉱業」株の半分を市場にプレミアムつきで売りだした。株式の時価発行である。日本鉱業産金・産銅で日本一、日鉱株は市場の花形となり国宝株と呼ばれ、多額のプレミアムが日本産業に流入した。日本産業の株価も一二円五〇銭から一五〇円に一気に上伸、鮎川は凱旋将軍の如く市場から迎えられた。こうして思わぬ大金を手にしても鮎川の使い方は異色だった。仕事一筋の生活にはいささかも変化はなく、水道・ガス工事の現場に足を運び、「使い勝手はどうか」「継手に漏れはないか」と、どんなに忙しくとも社長自らがお客様の声を聞くこと、トップセールス・販売の第一線に立つことを忘れはしなかった。

　組織表には会社の経営姿勢が端的に現れるが、戸畑鋳物のそれは今に見ても異色かつ新鮮。
　営業課長、宣傳課長、監督課長、会計課長、研究課長。
　社員三六〇〇人、冶金研究所、戸畑工場、若松工場、継手工場、東京工場、東亜電機、安来製鋼、不二塗料、安治川鉄工の合計八工場、これが全社の組織図である。鮎川は、販売（営業・宣傳）を会社経営の最前線に置いた。鋳物会社とはいえ、製品は注文品よりも量産品が多い。
　「量産は製造より販売が難しい、ここが会社の死命を制する」。社長は、販売の最前線に立ち会社の

指揮を執る。戸畑鋳物、創業三年の販売の苦労が、鮎川の信念になっていた。それ故、社長のトップセールスも鮎川にはごく当たり前のことだった。

当時、日本経営者連盟会長の男爵・卿誠之助が側近に語っている。

「あれは若い頃の織田信長のような人物じゃ、必ず頭角をあらわすだろう」

織田信長は中世と近世の分水嶺に立った男、近代社会はこの男からはじまったといえるかも知れない。昭和八年、鮎川義介五四才、世間の見る目も天一坊から織田信長へと異例の出世を遂げていた。戸畑鋳物の幹部、村上政輔、山本惣治、久保田篤次郎、浅原源七

鮎川義介も分水嶺に立っていた。を前にこう切り出した。

「一千万円という金が手に入った。天から授かったようなもので、無くしても惜しくはない。そこで、かねての考え通り、鋳物屋から自動車部品工場に転向することにしたい。いまが好機である、幸か不幸か三井・三菱の財閥が手を出そうとしないし、住友も傍観している。われわれ野武士が世に出る道は、いま自動車をやることをおいて他にない」

日本初の量産による自動車工業、鮎川は慎重に二つのルートを設定した。自動車部品は五〇〇〇点、GMの日本製部品の調達率は四～五％、タイヤ、バッテリー、板ガラス。鉄鋼関係で唯一、戸畑鋳物の可鍛鋳鉄のみが日本製、それ以外はボディーのプレス鋼板から歯車まで、デトロイトから船便で運ばれてくる。

第一のルートはGMと提携し、この領域の部品工業を確立、その上で五〜七年後にはシボレークラスの量産に取り組むという構想だった。欧州では小型車が売れている。米国資本に対抗して国産車の生き延びる道はここにある。第二ルートは年に五〇〇〇台、流れ方式によるダットサンの大量生産に踏み切る計画だった。

五　ダットサン・ブランドを世に広めた人達

昭和六年の満州事変は、日本自動車工業の歴史の転機となった。南北戦争で戦争の主役に「鉄道」が登場し、第一次世界大戦では「自動車」が戦場の主役になった。英仏連合軍を勝利に導いたのは自動車部隊、ルノーの活躍だった。兵力の機動は、鉄道から自動車へ、日本陸軍も満州でこれを実証した。熱河省を短期間に制圧した関東軍の自動車部隊、主力はフォードとシボレーのトラックだった。

昭和七年、日本は国際連盟を脱退。日本は孤立化の道を歩み、内地では「非常時」が叫ばれた。「明日にも戦争がはじまるかもしれない。そしてその戦場は必ずや大陸となる」

広大な大陸での機動力を確立することが陸軍の最重要事となった。機動力の如何は帝国陸軍、最高の軍事機密である。その鍵をフォード・GMの二大アメリカ資本が握っている。軍にとって自動車は兵器、兵器の国産化は至上命題。「国産自動車工業の確立」が軍の強い意向になり、日本市場を制圧

していたフォード・GMとの対決が避けられない様相になっていた。

当初、陸軍の意向に、自動車行政担当の商工省は躊躇していた。「これは日米の外交問題になる、日米通商航海条約に違反する」。日本フォード・日本GMの活動に制限・制約を設けることは難しい。

鮎川が第一ルートと考えていたGMとの連携による部品工業の確立は、技術提携も資本提携も当事者双方の合意と商工省の同意を得たものの、陸軍は尊皇攘夷、膚色の違う外国との提携にはあくまでも反対。交渉三年、鮎川はこのルートを断念した。残されたルートはただ一つ、自力でダットサンの量産、新工場の建設に踏み切ることだった。昭和八年、内務省令が改正になり、無免許・車庫不要の小型車の枠が七五〇ccに拡大された。

「これならダットサンの後席に酒樽が二つ積める。日本の工場数は九万、九八％は中小企業だ。小さな単位で頻繁な運送をしている。トラックを作れれば相当に売れるはずだ。フォードは高級車から大衆車まで揃えたGMに敗れた。お客の好みを揃え、ダットサンにセダン、フェートン、ロードスター、トラックとなれば販路も広がるだろう。日本は道路が狭い、小型車の方が便利だ。五年間の損は覚悟しよう」

鮎川はそう決意した。

鋳物は九州の戸畑、ダット自動車は大阪、ダットサンは横浜市が造成中の子安の臨港工業地とした。地鎮祭は昭和八年師走、極寒の候。折からの夕陽をいっぱいに浴びて富嶽はその雄大・秀麗な全景を

121　五　鮎川義介

くっきりと現していた。

「こりゃいい土地だ。こりゃ幸先が良い」鮎川は外套も着ず寒さの中、瑞祥を見つめ続けていた。

しかし世評は冷たかった。

当時の財界の様子を、工場建設の責任者・山本惣治（常務）は語る。

「私が国産自動車の育成に精進しているのだと聞くと、にわかに興味を持って、いろいろと質問を持ち出した。それまでは良かったのだが、宴席に移り酒が廻ると、『どうですかね、国産自動車はものになりますか。とても外国車と肩を並べる所迄いかないと言うじゃありませんか』決まってそんな傾向の話があり、説明する努力はなかなか大変だった」

鮎川と山本に粋なお姉さんの助っ人が現れた。日本一の花街、木挽町の新橋芸者・小君。小柄で読書家、粋でモダンなちょっと変わった子だった。ユーモアを交えた軽妙なスピーチが得意、無免許でも乗れたダットサンをお座敷通いに使っていた。鮎川や山本はユーザーを招待した宴席では自ら挨拶せず、小君に代行させた。身振り手振りにユーモアを交えた名調子で、ヤンヤの喝采だったという。

ダットサンは小柄で働き者、粋でモダンな人気者の代名詞になった。この時代の流行語は現在の東京・銀座にある新橋演舞場を中心に広がる新橋の花街で生まれ、ダットサンの評判は宴席の口コミにより全国に発信されていった。

「ダットサン芸者」小君はダットサン・ブランドを世に認知させた第一の功労者だった。

東大法学部我妻栄。「我妻民法」と呼ばれ、学界第一の人気教授は大学にダットサンで通っていた。テキストの民法講義は小型、学生達は「ダットサン民法」と愛称をつけた。教授の教え子は法曹界をはじめ、日本のトップエリートの卵達。彼らは、師に倣い、ダットサンに憧れ、クルマのある生活を世に広めていった。我妻教授はダットサンを広めた、第二の功労者になるのかもしれない。

当時、日本社会のオピニオンリーダーは「三者」と呼ばれる、芸者・学者・医者であった。

「あのお医者　はやるとみえて　ダットサン」

ダットサン史上最高の名コピー。初めてダットサンのオーナーとなったのはお医者さん達だった。往診に急患のもとにダットサンに乗って駆けつける。その信頼と社会的信用がダットサン・ブランドの信頼と信用に転移・重複していったのである。

「これをダットサンで宅の方へ」。東京・山の手の奥様方は、買い物の山を百貨店の店員に指示した。「今日は帝劇、明日は三越」の時代だった。三越が三台買うと、負けじと松屋は五台、鮎川の妻の実家高島屋は一挙に一二台と数を競った。デパートの配達に活躍するダットサンは女性達の憧れ、奥様方の近所自慢になった。山の手の奥様方のごひいきによりダットサンのブランドは、全国の女性達に広がっていった。

テレビもなく、電通・博報堂も現在のそれではない「マスプロを支えるものはマスセールス」の時代。ダットサンの市場を開拓するため、外車の販売で経験を積んだ強者達が鮎川のもとに集まってき

た。

「梁瀬（ヤナセ）」から二人の侍大将・梅村四郎（大阪・豊国自動車）と吉崎良造（東京・ダットサン商会）。「日本自動車」から名将・石澤愛三（ダットサントラック販売）と主人を慕って九七名の部下達も。「三井物産」からは二人の幕僚、海外事情に詳しい三保幹太郎と内田慶三が馳せ参じた。販売部隊は梁山泊（ざんぱく）、無名の豪傑達が、雑草のようなパワーで原野を切り拓いていったのだ。

昭和六年・一〇台、昭和七年・一五〇台、昭和八年・二〇二台、昭和九年・一七一〇台、昭和一〇年・三八〇〇台（この年の四月には横浜工場のラインも動き出した）、昭和一一年・六一六三台、昭和一二年・一〇二一七台。

「旗は日の丸、クルマはダットサン」。ダットサンは躍進する日本工業のシンボル的人気者になっていた。

六　自動車製造事業法の成立

「三井は三〇〇年、住友一五〇年、三菱一〇〇年、鮎川は一〇年」

久原鉱業から受け継いだ日本鉱業、日立製作所、新たに進出した自動車工業の日産自動車、化学分野では日産化学、日本油脂、水産業の日本水産を加え子会社一八社、孫会社一三〇社。

鮎川の統率する日本産業傘下の企業集団は「日産コンツェルン」と呼ばれ、振込資本、四・七億円。従業員、一五万人。三井、三菱に次ぐ規模になっていた。

日産コンツェルンはグループに銀行と商社の機能を持たなかった。これを私的に関係する事業に投資するのではなく、公的に使わなければならないもの、自分の関係する事業の資金や経営の救済に使ってはならないと認識していた。鮎川は銀行は大衆の資金を集め、事業の資金や経営の救済に使ってはならないと認識していた。「自分は事業家であり、銀行家ではない」というのが鮎川の経営姿勢だった。また、日本興業銀行を主たる窓口にし、特定の銀行をメインバンクに持たなかった。芝浦製作所・王子製紙などが融資を返済出来ず、ついには経営権まで銀行に取られてしまった事例を身近に知っていたからである。

鮎川は繊維、紡績、鉄道など、産業人の多くが進出した花形分野には手を広げなかった。鮎川が自動車の次に戦略的に重要と視野に入れていたのは「電波工業」である。

「現代の文明の花形は自動車工業だが、その次に来るべきものは〝電波工業〟である。テレビジョンはその中心に立つに相違ない」。技術者、鮎川の洞察力、直観である。当時、テレビジョンの研究で世界の先陣を切っていたのはアメリカのRCAと英国のEMI。子会社の日本ビクターと日本蓄音器、二社の株式の過半を買収。日産コンツェルンに取り込んだ。テレビジョンの開発・研究には巨額の資本と莫大な設備が必要となる。日本には技術も人材・資本も今はない。研究・開発の体制が整うまで、子会社経由のルートでテレビ研究の情報を取り入れる。

しかし、昭和一二年、日本産業の満州進出が決まると、軍部は「ヴィクター・コロンビアのような娯楽産業は満州には不要、換金して満州に投資せよ」。鮎川の夢は砕かれた。

昭和一〇年四月、横浜工場の生産ラインが稼動した頃に鮎川とダットサンを取り巻く環境は大きく変わろうとしていた。商工省に、国の重要産業には自由な経済活動を制限し、国が保護・計画的に育成を図るべき、統制経済を志向する岸信介を代表とする「革新官僚」が登場する。

商工省の懸案は三つの分野、「自動車、硫安、アルミニウム」の国産化の達成だった。中でも自動車は、貿易収支の改善上からも最大の課題だった。軍の自動車国産化と商工省の基本路線が一致、軍部と革新官僚が手を握った。

事態は急を要していた。

日本フォードが新たに一三万坪、横浜に製造工場建設を発表、これまでの部品輸入、日本での現地組立方式から、全ての部品を日本で生産する大規模で本格的なもの。フォード方式により大量生産した部品を、日本の自動車各社に供給することも構想に入っていた。

もしそうなれば、自動車産業の全ては、フォードの強い支配力、影響下に組み込まれることになる。フォード車は故障が少なく、価格が安く人気が高かったから、これは時間の問題に思われた。

昭和一〇（一九三五）年八月「自動車工業法要綱」が閣議決定された。骨子は、自動車の組み立て

は国の許可事業とし、日本フォード、GMの事業は、現存の範囲内において既得権を認めるが、新設または拡張については認めない。過去三年間の実績平均値、フォード一万二三六〇台、GM九七四〇台に封じ込めるものだった。

翌一一年五月、「自動車製造事業法」が公布。産業の国家統制、そのはしりとなった法律である。その第一条は「本法ハ国防整備及産業ノ発達ヲ期スル為、帝国ニ於ケル自動車製造事業確立ヲ図ルコトヲ目的トス」。国防（ナショナル・ディフェンス）の二文字が日本法制史上初めて立法の主目的に書き込まれた。

「自動車の国産化は断固実現する。日米の戦争も辞せず」。強い国家意思の表明だった。

米国政府は、相互互恵を約した「日米通商航海条約違反」と抗議の意思を伝えたが、日本フォード・GMは既得権の範囲内での活動が認められていたため、深入りを避け、静観する。

同年一二月、自動車の輸入関税率が改定になり、完成車は五〇％から七〇％に、自動車部品の関税が大幅に引き上げられた。

昭和一二年七月の日華事変、外国為替管理法が改正になり、外国への送金が制限された。為替相場が急落、輸入部品価格の急騰により、日本フォード、GMは経営に大打撃を受けた。

昭和一四年、両社は日本での活動を停止、米人社員は本国へ引き上げ、日本人は解雇された。同年七月二六日、米国は日本政府に「日米通商航海条約の破棄」を通告。翌一五（一九四〇）年一月二六

五　鮎川義介

日、「日米通商航海条約が失効」。クズ鉄、工作機械、航空機ガソリン、「対日禁輸」の対象品目は、日本の中国大陸への侵攻と共に広がり、ついに昭和一六年、日本軍の仏印進駐と共に「石油の全面禁輸」となった。

昭和一六年一二月、真珠湾攻撃に端を発して太平洋戦争が始まる。その遠因は米国の日系移民の排斥問題に由来し、原因は日本軍による中国大陸への侵略にある、といわれている。しかし、舞台を日本、視点を経済に移してみると、そこには、日本市場における総合産業の雄・自動車の覇権争奪の帰結、という様相も色濃く浮かび上がってくる。

古来、「戦争は経済にはじまり、経済力に終わる」といわれている。歴史の鉄則が今また証明されようとしていた。陸軍が米国資本と共に、日本市場からの排除を狙っていたものが、いま一つあった。それは「ダットサン」である。

自動車製造事業法の施行令第一条「原動機ノ気筒容積八七五〇立方糎ヲ超ユル自動車」と七二二ccのダットサンは対象外とした。国が非常時の今、戦場で役に立たない小型大衆車ダットサンは認めない。資本、資源の全ては、聖戦遂行、軍用トラックの製造に集約せよ、との強い国家意思だった。

昭和一二年の日華事変、戦線は中国全土に広がり、ガソリンはもとより生活物資まで統制になった。乗用車は軍用に限り許可され、トラックも民間への販売が制限された。

小型車ダットサンは生産中止に、最小限のダットサントラックのみが細々と生産を続けていた。

七　満州重工業の挫折

昭和一二年一二月から五年間、五八歳から六三歳となった、鮎川は満州重工業開発総裁。人生で最もスポットライトを浴びた時期だった。日本と満州に直系企業だけで二〇社、全体で三五万人が働く大企業集団、それは三井、三菱を超える史上空前の規模だった。

戦後、国民から〝忌まわしい過去〟として忘れ去られた「満州」。しかし当時、満州は希望の大地であり、満州は日本の生命線というスローガンを疑う人はいなかった。

満州は鮎川にとっていったい何だったのだろうか。

グラハム・ページ社からの機械・設備が届き、小型車「ダットサン」に加え、中型車「ニッサン」の生産がはじまっていた日産自動車、鮎川のもとに「これと同じものを満州に作ってもらいたい」と関東軍の参謀が訪れていた。

「それは無理じゃ、満州には部品工業がないからのう」

すると、満鉄・調査部から「鉄鉱石、石灰などの地下資源はきわめて豊富にある。一度、実地を見聞してほしい」と東辺道の資源調査報告が届けられた。

満州建国から五年が経過、しかしこれまでの満州の産業開発は失敗の連続だった。財閥の立ち入りを禁じ、軍人主導による経営、加えて産業開発は南満州鉄道（満鉄）の付帯事業、交通事業の片手間では非能率のものとなっていた。満鉄傘下の企業集団は「一業一社主義」が採用され、それぞれの会社は同格、相互の連携がうまくいっていないのである。

仮想敵国・ソ連は革命後、「経済五カ年計画」（ゴスプラン）で大躍進して、着々と重工業化計画を進めていた。ソ連に対抗し、満州でも「産業開発五カ年計画」が作成された。五年間の最終目標は、年産、自動車五万台、飛行機一万台の製作。しかし、これまでの延長線上では、この実現は不可能であり、内地から練達の経営者を招き、その手腕に期待する以外に方法がなかったのだ。

「あんな広い土地を、鉄道や自動車で廻ってもわかるものではない」。鮎川は一ヵ月をかけ、空から飛行機で満州全域を視察した。

「北米大陸と地勢、気候、資源なども非常によく似ている。これを開発すれば、アメリカ以上のものになり得る。満州の開発は日本とアジアを一変させるだろう」

鮎川は久原鉱業の再建、自動車工業の建設もそうだったが、逃げたり、難問を避けて通らない。むしろ、夢中になり、のめり込むのである。

満州産業開発五カ年計画の達成、これを解く鍵は「資源と資本と技術」にある。日本の工業にとって最大隘路あいろは資源だった。外国から資源を輸入していたのではコストが高くなり、製品の競争力があ

がらない。資源のネックがないとすれば、外国とも十分対抗してやっていけよう。資本も、豊かな資源を担保にすれば、外資の調達が可能となる。技術は、資金が用意出来れば、外国から買いつけることが出来る。

「満州の重工業を五ヵ年で建設するには三〇億円を要する。その三分の一、願わくは半分は外資（米ドル）に依存したい。その方法は借款ではなく、株式参加を期待したい。この結合は相手国と利害を共にすることになるから、将来、戦争の危険にもブレーキになるだろう」

日本の年間歳出額が二七億円の時代、これは未曾有の巨大プロジェクトである。

「資源の開発から工業の建設まで、これを一体なものとして有機的に総合開発しなくてはならない。総合本社が必要になる」

これまでの一業一社主義では、相互の連携がうまくいかず、これでは総合開発は成り立たないのだ。

「自分一人が満州に行っても何も出来ない。日本産業をあげて満州に移住しよう」

日本では、官庁・会社間の権益の縄張りが固く、鮎川が腕を振るう余地はなくなっていた。満州は未開の大地、これを思う存分に開発してみたい。英国が二〇〇年、米国が一〇〇年かかった工業の建設を短期に実現してみせよう。

昭和一二（一九三七）年、満州重工業開発（満業）が日満両国の政府・閣議で決定され、その運営

が日本産業社長の鮎川に一任された。鮎川はすばやく次の手を打った。満鉄付属地の満州国への返還が決まっていた。一二月の返還、それ以前に付属地にある日本法人は、自動的に満州国の法人となる。

日本産業は資本金二億円、株主五万人とはいえ、中身は持ち株会社である。会社の資産は傘下企業の株券、一〇〇名余りのスタッフが働いているにすぎない。鮎川は株券とスタッフを満州・新京に移し、「日本産業」の移転登記を済ませた。株主総会を開き、社名を「満州重工業開発」、資本金を倍額、増資分は満州国政府が引き受けた。鮎川の奇想天外の早業、日本の世論も、日本の財界・産業界も仰天したのだった。

振り返って鮎川の満州の産業開発、これは失敗に終わった。いくつかの要因が重なったが、主要なものは二つ。

第一は「資源の誤算」、満州には期待していた地下資源がなかったことにある。鉄鉱石と石灰、これも上質なものではなく、非鉄金属はマグネシウム以外、鉱物標本程度のものに過ぎなかった。鉱物学の世界的権威、元米国鉱山局長、ベーン博士による調査でも結果は同じだった。

これまで文明の入らなかった人跡未踏の山岳地帯、匪賊(ひぞく)・馬賊(ばぞく)の巣窟だった東辺道。鮎川の視察も飛行機による空からのもの、自身の目と足で確かめたものではなかったのだ。鉱業は昔から山師(やまし)の領域、世界一のシンクタンク・満鉄調査部を信用したのが誤算の元だった。

第二の要因は「外資導入の挫折」。鮎川の考えていた外資はアメリカのドルだった。満州の開発は日本の技術ではおぼつかない。満州の資源を担保に、アメリカの資本技術を導入するという鮎川構想は紙上のデザインに終わった。

昭和一二年、日華事変が勃発。戦禍（せんか）は上海に広がり、日本軍はアメリカ砲艦パネー号を誤爆した。対日世論が悪化、鮎川は渡米して、外資導入交渉に入ることを断念。次の機会を待ったが、日中戦争は拡大の一途、渡米の機会が再び鮎川に訪れることはなかった。

「もしあの時、アメリカの対日世論が悪くなったとしても、押し切って渡米し話をまとめてしまうか、あるいは満州重工業の設立が一年早く、仮に日米協力による満州開発が実現していたとすれば、満州を媒介として日米両国は結ばれ、真珠湾攻撃もなく太平洋戦争も回避されていたかもしれない」

国と国との信頼は、利害を共有することが大事なのだ。信頼を意味する英語のクレジットは借款・借金をも意味する言葉なのだ。

一四年五月、満州自動車製造が設立。ニッサン建設の指揮をとった山本惣治が理事長に選任された。鮎川の狙いはフォードの技術だった。フォード社は海外工場建設用に予備のスペアの製造ラインを保有しており、フォード社の協力により、満州に製鋼から部品工業まで、一気に自動車工業の実現を図った。

山本理事長は渡米。しかし上海から天津と、日本軍の大陸戦線は拡大、米国の対日感情は悪化の一

133　五　鮎川義介

途となり、この構想は暗礁に乗り上げてしまった。窮余の一策、鮎川は関東軍の強い要請に抗し切れず、ニッサンの製造設備一式を安東工場に移設することを考えた。しかし、「国策ならば従うが、移転には反対である」。ニッサンの役員は揃って反対。企画院・商工省も賛同せず、この構想は実現しなかった。安東工場は資材不足も重なり、日本フォードの設備を移設した組立工場のみの一部稼動に終わり、年産五万台の自動車工場は未完のまま終戦を迎えた。

時の移りは早く、自動車が戦場の花形、兵の機動の主役だった期間は短かった。戦史の中で自動車が最も活躍したのは満州事変と日華事変、大陸を舞台とした日中戦争だった。

昭和一六年一二月にはじまった日米の太平洋戦争は、大陸から南海の島々へ戦場が移った。ガダルカナルの攻防、戦場の主役は「飛行機」になっていた。ニッサンの製造ラインも、主役は航空機エンジンの生産に変わっていた。

「私は満州での落第坊主です。若い軍人どもにこっつき廻されて嫌になった」

関東軍の「内面指導」により、満州重工業の傘下企業の役員人事には、その都度介入があり、社宅建設用の資材の調達、レンガやコンクリート一つにも関東軍参謀の許可印(スタンプ)が必要だった。

昭和一七年一二月、任期五年が終わり後任総裁に高崎達之助を指名し、鮎川は満州を離れた。

投資先を探していた日本の生命保険会社を株主に「満州投資証券」(社長・三保幹太郎)を設立。

資本金は四億円、満業の日本系企業の株式全部を売却、代金を満州への投資に廻した。

八　鮎川、八八年の履歴書と決算書

昭和二〇（一九四五）年八月、日本はポツダム宣言を受諾し無条件降伏、敗戦国日本は占領軍、マッカーサー元帥の支配下に入った。そして戦争犯罪人の摘発。

鮎川は一二月一七日、A級戦犯容疑で逮捕された。

キーナン主席検事は、「逮捕されている人が必ずしも有罪ではないが、それ相応の理由がある。慎重に事実を調べたうえ釈放される人も出てくるだろう」と語った。なぜ、鮎川が逮捕されたのか？

「真珠湾攻撃にはじまった日米の太平洋戦争、その起源をたどると一九三七年の日華事変、日本軍の中国大陸への侵略戦争に至る。そして、中国への侵略は三一年の満州事変にまで遡る。アジアの支配を狙う日本の軍国主義、侵略戦争は満州事変にはじまったのである」

「戦争の主役は軍人、しかし、満州侵略を計画したのは軍人だけではない。政治家、官僚、事業家も加わって、〝共同謀議〟がもたれたのである」

メンバーは満州の実力者、〝二キ三スケ〟と呼ばれた五人。

東条英機（関東軍参謀長）

星野直樹（満州国総務長官）
岸　信介（満州国産業部次長）
松岡洋右（満州鉄道総裁）
鮎川義介（満州重工業総裁）

五名を、検事達は「マンチュリアン・ギャング」と呼んだ。日米開戦時の内閣、パール・キャビネット、東条は首相であり、星野は内閣書記官長、岸は商工相。松岡は近衛内閣の外務大臣、日独伊三国同盟の締結者、日米関係を悪化させた張本人である。

「鮎川は満州侵略の黒幕に違いない」。

キーナン主席検事と三七名の国際検事局のスタッフたち、その中心はアメリカ人であり、ニューヨーク・シカゴの犯罪摘発で敏腕を発揮した検事達だった。

日本語も、日本の歴史も何も知らずに、しかも六ヵ月の短期間、隠された証拠を探し、証人を選び犯罪容疑を立証する。有能な検事達であったが、戦争犯罪の裁判は初仕事であった。どうしても、これまで手掛けてきた類似の事例をモデルにシナリオを書くことになる。ギャングの抗争には必ず陰で糸を操る黒幕、大物の実業家がいるのが通例なのだ。満州侵略では満州の資源開発の独占と満州市場の支配を狙った黒幕の鮎川がそれである、と。

東京裁判のキーワード、「共同謀議(コンスピラシー)」はその一例であった。親分から幹部まで、ギャングの一味を一網打尽に捕らえる暗黒街の犯罪捜査にしか通用しない法理論なのである。これぞ日本の侵略戦争の始発駅、共同謀議の教典(バイブル)と検察側が見立てた「田中義一上奏文」。法廷で偽作であることが立証されてしまった。

「三キ三スケ」といっても五人の名前の語呂合わせでしかなく、共同謀議の実体が何もないものだった。満州事変の作・演出・主演を一人でつとめた関東軍参謀「石原莞爾」の名さえ入っていない。鮎川を尋問した検事は、いかなる手順と仕組みで「日本産業」と「満州重工業」という巨大企業集団をつくったのか、いくら説明しても理解出来なかったという。金融・証券の仕組みに無知だったのである。それに、どこをどう探し調べても、鮎川にはこれといった資産も隠し財産もなにもない。「あなたは魔術師(マジシャン)だ」が結論となり、取調べは終了した。

　　降る雪を見上げて寒し鉄格子

二年間が、二〇年にも感じられた獄中生活から解放された。
「現在裁判中の東条ら二五名の戦犯容疑者の中に、実業家が一人も入っていないことは決して偶然ではない。日本の事業家はドイツとは全く違っている。ドイツではヒットラーが馬に乗り産業界の人物

が鐙を支えた。しかし日本では銀行家や商工会の指導者がたとえ鐙を支えたとしても、銃を突きつけられて、やむなくやったことである」（キーナン主席検事）。そして郷古潔（三菱重工）、津田信吾（鐘紡）、中島知久平（中島飛行機）、正力松太郎（読売）、大河内正敏（理研）といった実業家は全員無罪放免となった。

占領期、占領政策の批判は一切許されず、東京裁判の報道もGHQの検閲を受けた。

「勝者が敗者を裁く裁判」として、法廷では弁護士側の異議申し立ては却下され、侵略戦争、共同謀議というシナリオが採用された。

鮎川には「満州」・「戦犯」という二つの暗い過去が付きまとい、ダットサン・大衆商品を扱う会社にはふさわしくない人物として、人々の記憶から消し去られていくことになった。

しかし、鮎川は悠々自適の余生を選ばなかった。公職追放が解除され、会長・相談役にと関係していた会社から就任を求められても、「経済は卒業した」として過去に未練を残さなかった。獄中、鮎川は日本の誇りある再生を、そのために日本は何をすべきか、自分にはなにが出来るのかを考えていた。結論は三つ、「高速道路」、「水力発電」、「中小企業」である。高速道路には「道路公団」が、水力発電には「電源開発公社」が設立され、鮎川は構想と調査データを引き継いだ。

そして残りの人生は、自分にしか出来ないこと、それは「中小企業問題」だった。鮎川が満州で、最も苦労したのは満州には部品工業、すなわち中小企業がないことだった。日本国民の四割が中小企

業に関係している。

戦後、「労働者」は労働三法により保護され、「農民」は農地解放の恩恵を受けた。しかし、中小企業のみが、昔のままの悲惨な状況下にある。もしここに共産主義が入り込み、中小企業が赤化したならば日本の未来はどうなるのか。社会は北欧やスイスのように、中間層が厚く、金持ちと貧者が少ない菱形の構成が望ましい。日本はアジア型、上と下があって中間がない「経済の二重構造」なのだ。

中小企業は、設備が旧式、更新するにも銀行融資が受けられず、大企業とはあらゆる面に大きな格差がある。中小企業の地位を底上げし、日本経済の二重構造をなくさねばならない。中小企業の実情を政治家や役人に陳情しても法律の枠内で多少の改善が図られるだけ。これでは百年河清を待つに等しい。民主政治の仕組みは、国会議員に選挙での投票という圧力をかけること。中小企業問題の本質は、経済問題ではなく政治問題なのだ。

鮎川は昭和二八（一九五三）年五月、参議院選挙、全国区に立候補、当選した。

鮎川は政治に対する圧力団体として「中政連（中小企業政治連盟）」を結成、総裁に就任した。全国に五〇〇支部、会員一〇〇万人。鮎川は会員獲得のため全国を巡り、決起集会では鉢巻きを締め、壇上に立った。能役者の装束のような総裁服を着て演説する鮎川の写真が新聞・雑誌を飾った。「人呼んで〝鮎川教祖〟。新興宗教では信者が教祖に献金するが、中政連は信者のために、教祖が私財を持ち出すのが特徴」と報じた。

139　五　鮎川義介

「日に煙草一個を倹約して会員になろう」。スローガンを掲げたが、会費は思うように集まらない。

中政連は、政策も財務も、教祖におんぶに抱っこだった。

鮎川は次第に政治にのめり込んでいった。既存政党に頼るより、自前の政党を作ろう。そのほうが役人達に圧力をかけやすい。昭和三四年六月の参議院選挙。中政連から全国区六名、地方区四名の候補者を立てた。全員を当選させ、「中政クラブ」を結成、ゆくゆくは三〇名程度の党派を目指したのである。

しかし、政治の世界は一寸先が闇、これが大誤算だった。史上空前の大選挙違反になったのである。東京地方区から立候補したのは、中政連の青年婦人局長、鮎川の次男・金次郎。届出は無所属、中政連推薦ではなく自由民主党の公認だった。地元の自民党都議達は猛反発、東京地方区は、日本の顔、とかく目立つ選挙区なのだ。被選挙権を得たばかりの最年少の三五歳であり、財界の御曹司。キャッチフレーズが「映画は裕次郎、政治は金次郎」。「ゆくゆくは首相を目指す」と本人の抱負も大きかった。

テレビの時代がはじまった頃、マスコミを巻き込んで派手な選挙運動は前代未聞で、他陣営のやっかみと嫉妬を燃え立たせた。選挙の結果、中政連で当選したのは二名、全国区の鮎川義介と東京地方区の鮎川金次郎だけだった。この結果、世の中の風向きが変わったのだ。まず動き出したのが警視庁捜査二課、体制を整え待ち構えていた。金次郎派の選挙違反、買収容疑で逮捕者が一〇〇名にならん

としていた。そして最高幹部二名の逃亡。東京地検特捜部も動き出した。刑事訴訟法、二百五十五条、時効の成立を阻止するため、起訴状謄本が不送達に終わるごとに、起訴手続きを繰り返した。二人は逃亡するなか、ついにアメリカ施政下の沖縄本島へ、那覇のホテルに潜伏中逮捕された。新聞は連日、選挙違反と二人の逃亡を大きな見出しの記事にした。マスコミは、選挙前に政界のホープとして持ち上げた分、選挙後は一転し、手のひらを返すように金次郎を叩き、鮎川父子を追い詰めた。

金権選挙、「法定費用以下で選挙運動をしているのは市川房枝ただ一人」が当時の常識だった。

一二月末、鮎川は道義的責任をとり議員辞職。「鬼の目にも涙だ」。鮎川は不起訴になり、その理由を、野村東京地検検事正は新聞記者に語った。

「中小企業の経営者は地方の名士、この事件を境に中政連から去っていった。鮎川は四面楚歌、中政連の活動も鮎川の人生も、事実上この時点で終わったといって良いであろう」。

経団連会長・石坂泰三は、戦後における食糧難の時代、配給になった南京米(なんきんまい)に喩(たと)えて、「中小企業、あれは南京米、どうにも固まらない」と嘆いた。パサパサと粘りが無く、「おにぎり」にはならないのだ。業種と業態がさまざま、共通の利益がそこにはない。時に利害が一致したとしても、個々の事業主により思惑を異にする。

業界が何かを取り決めても、己の思惑で抜け道を探し、抜け駆けをする。外国との取り引きでは、そこを相手につけ込まれるいつもの過当競争。海外から日本のダンピングと低賃金を非難する声が高

くなった。

「南京米といっても、適当な"触媒"さえ見つかれば固まるはず」

いつもの鮎川の侠気が動き出したが、選挙違反により挫折、無残な失敗に終わった。世間は、巨大な丘の上の風車に立ち向かった、八〇歳の老いたドンキホーテの末路を笑った。

「日本経済の二重構造」。いつ頃からか、この言葉は全く聞かれなくなってしまった。その第一の要因は「日本経済の高度成長」にあり、といえるだろう。高度成長期の花形、自動車や電機にしても組立産業であり、多くの中小企業の製品が組み込まれている。高度成長は大企業の繁栄と共に、中小企業の成長と繁栄をももたらしたのである。

また高度成長は中小企業のビジネスチャンスを広げた。その結果、大企業を上回る成長と躍進を遂げた事例をいくつも見ることが出来たのである。これらは鮎川の中政連、その活動の成果とはいえない。

鮎川は、日本経済の高度成長とは無関係だったのだろうか。

高度成長期は「電機」と「自動車」、この二つの産業が機関車の役割、日本経済を牽引した。そのリーディングカンパニーを挙げれば、電機は東芝と日立。自動車はニッサンとトヨタ。鮎川が深く関係してきた「日立製作所」と「日産自動車」、四社中に二社が占める。

「日立製作所」は鮎川の創業した会社ではないが、久原鉱業の発電機修理から出発した会社。一九二

142

〇年二月に独立、時期が第一次世界大戦後の不況の真っ最中、前途多難だった。そして親会社、久原鉱業の経営が悪化。久原の危機は鮎川の経営努力と手腕がなければ倒産に至ったのは確実。これといった外販技術と販路を持たない日立製作所は、親会社と運命を共にしていたかもしれない。

一九三七年、鮎川は満州重工業総裁に就任のため、戸畑鋳物の経営を小平浪平・日立製作所社長に託し、両社を合併した。戦後、日立は合併した旧戸畑鋳物を「日立金属」として分離したが、戦略的に重要な部門、二つの機能を残した。

一つは東亜電機製作所だった戸塚工場。重電の日立にとり、唯一の弱電部門。自動車電装部品、通信機器、コンピューター、家庭電化製品。戦後発展した新しい経営の柱がいくつもここから生まれたのである。第二は東京・国分寺の「中央研究所」。日産コンツェルンの研究センターとして戦時中に構想された。

ここは日立の頭脳となり、コンピューター、電子顕微鏡などの技術の種子はこの地に生まれた。鮎川は日立製作所の生みの親、育ての親とはいえないにしても、「技術の日立」、そのかなりのものは起源をたどると鮎川に至る、といっても良いだろう。

日産自動車は鮎川義介の創業になる会社である。ダットサンは昭和の大不況時代、希望の一番星として誕生した。戦後も、人々はダットサンを夜空に輝く道標の星のように注視していたのである。

143　五　鮎川義介

昭和三〇年は「自動車元年」といわれる。

誕生以来二四年、戦争、戦後と続き、かつての輝きを喪失していたダットサンがデザインを一新し、毎日産業デザイン賞を受賞、トヨタからはクラウンが誕生した。ライバルの登場、ダットサンとクラウンは「神風タクシー」として街中の悪路に人気と耐久性を競った。タクシーの初乗り料金が、小型（ダットサン）・七〇円、中型（クラウン）・八〇円と差があったので、客付きの良いダットサンはどのタクシー会社でもダントツの稼ぎ頭になった。

小型で頑健な働き者、ダットサンの復活、これが「神武景気」の起爆剤となった。戦後一〇年、電機・自動車がリードする大衆消費社会の入口に達していた。

神武景気は日本経済の高度成長に至る、第一ステップだった。

昭和三四年八月には、ダットサンの新車、「ブルーバード」の発表会は、一二万人を超える人の波となった。日本もアメリカのように、自動車の売れ行きが国の景気を左右する時代になっていた。神武景気を上回る「岩戸景気」の到来である。

自動車は総合産業、部品は二万点。鉄鋼・ゴム・ガラスから石油、繊維、工作機械、金型工業と産業の裾野が広がる。鉄鋼・石油会社も、商社・電力会社も、東京で開かれる講習会に参加し、ニッサンの投資と生産計画を横目でにらみ、スタッフは自社の投資計画を立案した。

この状況を経済白書は、「投資が投資を呼ぶ」と時代のキャッチフレーズに取り上げた。

戦後、日本経済は好況から不況へと、景気循環を繰り返した。理由は、経済活動に「外貨」という隘路があったからである。外貨の稼ぎ手、エースとなる工業製品の出現、これは日本の悲願だった。

日本の貿易収支は、一九六一年の三億五千七〇〇万ドルを最後に、黒字に転換した（唯一の例外が七九年、第二次石油危機の原油価格の高騰、二四億三八〇〇万ドルの赤字）。

その変化は何故か、その第一の理由は米国市場での「ダットサン」の躍進だった。

対米輸出の本格的スタートは一九六〇年。五年後の一九六五年、初めて米国における輸入車ベストテン入りの六位、一万三三〇一台の販売。以降、毎年一万台以上の増加、輸出開始から一〇年で一〇万台の大台に、輸入車ベストテン中三位に躍進した。日本経済は、外貨という隘路から開放され、苦難の歴史がやっと終わったのである。

昭和三九（一九六四）年、東京オリンピックが閉幕、前後して東海道新幹線、名神高速も開通した。巨大プロジェクトのブームは終わり、もう大型需要は期待出来ない。これからの日本経済は、供給過剰の時代になる。エコノミストは「構造不況」と名づけ、いつもの悲観論を予測した。株価は下落、山一證券は経営危機に。

しかし、今回も杞憂に終わった。

昭和四一年から、日本経済の「本格的高度成長」がはじまったのである。名実共に、自動車産業が

五　鮎川義介

リーディング・インダストリーに成長していた。サニーとカローラ、日本に「マイカー時代」がやってきたのだ。昭和四一年、元旦の朝刊に、ニッサンから新型車が誕生、その「車名公募」のキャンペーンが掲載され、日本全国に大反響を呼んだ。応募は八四三万三一〇五通に達し、車名は「サニー」に決まった。
「良い名じゃ、サニーは覚えやすい。私と同じ名もいくつかあったようじゃ」
同年二月一九日、車名発表会から戻り、鮎川は妻に語った。鮎川も一枚、応募ハガキを投函していた。
「MINI・MAX（ミニ マックス）」。最小と最大、合理の人、技術者・鮎川らしい名前を考えていた。MINIは最小のサイズ、MAXは最大の機能。
鮎川は生涯、多くの会社に係（かか）わりを持ってきたが、手塩にかけ育てた〝実子〟は、日立金属（戸畑鋳物）と日産自動車の二社だった。ダットサンは、子の子であって、鮎川の初孫だった。
そのときから三五年、鮎川義介は八七歳となって、人生最後の孫、サニーの誕生に立ち合っていたのである。
「MINI・MAX（ミニ マックス）」。
鮎川は、新しく生まれた「小さな生命（いのち）に、大きな未来（ゆめ）」を託していた。

鮎川の後半の人生は、日本の軍国主義と満州侵略。敗戦により戦犯、教祖まがいの中政連活動と選挙違反、と波乱の連続だった。日本人は古来、槍一筋の生き様に敬意を払い、桜の散りぎわの美しさをこよなく愛している。

「終わり良ければ、全て良し」。終わりが悪ければ、さかのぼって人生の全てが否定され、消し去られてしまうのだ。

鮎川は「天一坊」と呼ばれ、「戦犯」と「教祖」になり、最後は「老いたドンキホーテ」に終わった。しかし、これも鮎川らしい人生だったのである。自分の名を会社名にせず、息子を後継者にもしない。私心、私欲がなく、一切社是をつくらず、肖像を許さなかった。今に残るものは何ひとつとてない。が無色かつ透明。異色かつ独創の経営と、波乱万丈の生涯だった。

鮎川義介の人生、八八年の履歴書と決算書である。

147　五　鮎川義介

六 ウィリアム・ゴーハム

William R Gorham
1888-1949

ダットサンの忘れえぬ七人

一 天才エンジニア、日本へ行く

技師長　ウィリアム・ゴーハム　一二〇〇円。

社長　鮎川義介　一〇〇〇円。

昭和八年、戸畑鋳物の月俸、主任（課長）一五〇～二〇〇円、大学卒（初任給）五五～六〇円。お雇い外人技師は民間でも活躍したが、高給の故、一～二年という短期の任務で多くは帰国した。

鮎川はゴーハムを自分の右腕として、社長以上の高給を以て処遇し生涯傍に置き、自動車工業への進出など重要な技術課題を相談し、彼に担当させていた。

ダットサン横浜工場の建設はゴーハムの人生においても特筆すべき大仕事であった。渡米し設備の選定、外人技術者の人選、工程設計、生産技術の指導と工場建設の指揮をとった。

一八三cm、一二七・五kgの大男、それでいて口元の優しい温和な童顔。趣味は唯ひとつ「エンジニアリング」。夫妻は敬虔なクリスチャン・サイエンスの信者。「教会で神に接するのが唯一の楽しみ」という男だった。日曜日は教会に行き、午後は安息日、家庭サービスデー。しかし、妻が目を放すと書斎に入り、技術書を読み耽っていた。

ダットサンの設計者、後藤敬義、鍛造、鋳造、プレスの責任者となる島村易、保坂透、五十嵐正は

直弟子。いまも、あるプレスメーカーの創業経営者は「私のプレスはゴーハムさん直伝の人達から教わったもの」と誇らしげに語る。

ゴーハム家の始祖、フランク・ゴーハムは、メイフラワー号で新大陸に移住、独立戦争で英国と戦った陸軍大尉。祖父は南北戦争を戦い、西部の開拓に挑戦。父はグットリッチゴムの極東代理店を経営。ゴーハムは、そんな裕福な上流社会のひとり息子として一八八八年、サンフランシスコに生まれた。機械好きの少年であり、学校の帰り道に造船所や汽車工場で修理の様子を見ていて飽きることがなかった。

天才エンジニアの道を決定づけたのは、一四才の誕生日。祖父に頼んだプレゼントはローラースケート。しかし、「自分で作りなさい」と、届いたのは「小型旋盤(いきお)」だった。父は裏庭に工作小屋を作ってくれた。まずローラースケート、次に機械式のポンプ、成功すると小型のガソリンエンジンに取り組んだ。失敗すると、改良を加えながら、木造ボディーの四輪車(マスター)を作り上げた。ひとつのことに夢中になり、知識と技能を猛烈な勢いで短期・集中して学習していった。

一三才の時、父と共に三ヵ月、日本を旅したことも忘れられない思い出となった。日光・箱根の美しい自然、親切で勤勉な日本人、京都・鎌倉の静かな街並み、そこを走る人力車にもゴーハムの興味は尽きることがなかった。

151 六 ウィリアム・ゴーハム

ヒールド工科大学で「電気工学」を専攻、機械工学は、独学で高度の専門知識をマスターしていた。機械と電気が融合、一体となった現在主潮流の最先端技術、「メカトロニクス」(メカトロ)。彼は、機械と電気を自在に使いこなした最初のエンジニアといえよう。

卒業後は、父と共に「ゴーハム・エンジニアリング」を経営、船舶用の石油発動機を製作。製品は世界中に輸出され、従業員は二〇〇人を超えるほど商売は繁盛していた。

第一次世界大戦により航空機への関心が高まってくると、ゴーハムは六気筒、空冷式、一五〇馬力の航空エンジンを製作、これは自信作だった。しかし、米国政府はリバティエンジンの標準化を決めていた。ゴーハムのエンジンは公式試験を優秀な成績で合格したものの、政府の採用にはならなかった。ゴーハムより一〇～二〇年早く生まれた先達達が、既にアメリカ工業の各分野に、確固たる勢力を張り巡らしていたのだ。

第一次世界大戦、日本にも航空機熱が高まった。アート・スミスなどの曲芸飛行家が日本各地を廻り、「航空ショウ」が大人気を集めていた。「日本で航空機エンジンの製作を」と話があり、大正七(一九一八)年、ゴーハムが三〇才の時に妻と二人の子供を連れ、航空エンジンと図面、工具一式を携えて来日した。しかし、日本ではまだ工業水準が低く、時期尚早だった。また、大戦が終わると、経済は一転し不況に。スポンサーは倒産、日本の航空機熱も急速に冷めていった。帰国する旅費がない。「日米友好のために」と米国帰朝の経営者、鮎川義介に救援の依頼があった。

訪ねた鮎川に、ゴーハムは自分の思いを語った。

「日本人の素質は工業に適している、私は神の使命（ミッション）として、残りの人生を、日本の工業の発達に寄与したい」

鮎川は感動した、自分と同じ考えの人間に初めて出会ったのだ。

ゴーハムは、来日にあたり世話になった興行師・櫛引弓人、片足でも運転出来る一台の三輪車「クシカー」を製作。櫛引はシヨウマンであり、軽快に大阪・神戸の街を得意顔で走らせ、人々の注目が集まった。大阪は「大阪砲兵工廠」があり、新しい技術に対する関心が高かったのである。

第一次世界大戦で財を成した大阪の実業家、久保田鉄工所創業者の久保田権四郎らが、大正九（一九二〇）年、「実用自動車株式会社」を設立した。資本金は一〇〇万円（米価換算、一三億円）。人が引く人を乗せて走る人力車、これが都市交通の主役だった。「これは文明国日本の恥辱、人力車に代わる新しい交通機関が必要である」。クシカーの製造に目をつけたのだ。

「ゴルハム式三輪車」、空冷二気筒、一二〇〇cc、七馬力。ハンドルは舵棒、ライトはアセチレン灯、後輪チェーン駆動、という人力車の代替を狙った三輪車、しかし値段は一三〇〇円。当時、フォード二〇〇〇円、シボレー二四〇〇円。かなりの割高感のある価格だった。

機械工業も、部品工業もない日本に自動車工業をつくるということで経費がかさんだ。機械・設備、

鉄鋼などの資材は米国から輸入、日本では自動車用ボルト・ナットも手に入らず、ネジ切りのタップ・ダイスの工具類も、ボールベアリングまでも自製した。ベアリング・歯車類の表面硬化、熱処理の炉も、オイルバーナーも自製せねばならなかった。月産能力五〇台、売れたのは三〇台前後、経営は大赤字だった。赤字対策の第一は商品力の向上。横転事故が多かったため三輪を四輪に。しかし元来が人力車の代替を狙ったクルマであり、フォードやシボレーに対抗するには非力だった。ゴルハム式三輪車は一五〇台、四輪車は一〇〇台の生産に終わった。

第二の対策は経費の削減、月俸がゴーハムは一〇〇〇円、リットルは八〇〇円、米人技師は鮎川の戸畑鋳物に移ることに決まった。

経営は失敗に終わったが、成果は二つあった。

一つは、初代ダットサンの設計者となる後藤敬義、甲斐島衛などの優秀な技術員を育成したこと。

いま一つは、試作段階からジグを使い、検査にはリミット・ゲージ、寸法・精度を維持し、部品の入・出庫は英文カードシステムに記録するなど、日本に初めて「部品互換」生産システムを本格的に取り入れたこと。部品加工の精度が、1/10㎜から1/100㎜に変わったのである。

『ウィリアム・ゴーハム傳』に、部下達はゴーハムを語る。

「胸中に湧き上がる構想を、直ちに図面にする。話しを進行させつつ、同時にスケッチが出来る」

「とにかく非常に熱心で、忙しい時は決して帰らない。いつまでも居残って働いていた」

「日本人になり切るために心を遣っていた。神社の前を通過する時は、必ず拝礼された」

ゴーハムは戸畑鋳物に移籍。

鮎川は自動車工業への進出も考え、部下を銀行と相談させたが、結果はどこも「自動車は時期尚早」。銀行は大戦中の融資への投資が焦げ付き、不良債権の山であって、貸す金がなかったのである。牛刀を以て鶏を割く憾みがあったが、鮎川は、「小型石油エンジン」の製作に踏み切った。農耕用、船舶用のエンジンは、「ゴルハム式発動機」と呼ばれ、信頼性が高く、需要も旺盛だった。完成品は、試運転を行ない、馬力・回転数・燃料消費量をカードに記入。いつどこでクレームになっても、すぐ対応出来るよう整理されていた。設計変更があった場合は、製造番号の何番から、どのように変更したかが明記されていた。今は当たり前の品質管理、しかし大正期の日本には画期的なシステムだった。

ゴーハムは大阪・木津川の継手（つぎて）工場にも指導に出かけた。ガス管・水道管の「鉄管継手（といし）」は、戸畑のドル箱商品だった。継手に使うネジの材料や寸法についても、細心の注意を払うように指導した。ネジ切り機械の精度を上げ、ネジの材料を吟味し、技術者に機械の基本であるネジの大切さを語った。ネジの材料や寸法、継手の生命とも言うべきシール性が悪くなるからだ。砥石のような副資材の購入に当たっても、カタログだけで注文するのではなく、メーカーの製造現場に行って、作られている工程や材料まで勉強するように指示をした。工場見学の際は、参考になるものがあれば、機械や工具の寸法をメモさせた。自分の目線の高さは何cmか、歩幅は何cmか、足や手の指を使っての寸法

155　六　ウィリアム・ゴーハム

測定法である。

大きな建物内では機械は小さく見える。重要なポイントは、忘れぬように、すぐ近くのトイレに入りメモすることなど、細かいところにまで及んだ。

ゴーハムは、大正一五（一九二六）年から五年間、「東亜電機」の技師長に。戸畑を離れ上京した。鮎川が、大戦不況で経営不振に陥っている会社の中から、将来有望のものを拾い上げ、それを管理する会社として「共立企業」を設立した。四・五〇社を調査、その結果選んだのが、和鋼の安来製鋼と東亜電機である。大正七年、商用や一部の金持ちに限られていた電話を、大衆にも普及させるためにはじまった事業だった。

しかし大戦終結により世は不況に、電話機は売れず滞貨（たいか）の山となって、経営は危機に陥っていた。社長は戸畑鋳物から村上政輔が移り、技術についてはゴーハムに任せられることになった。

「おはようございます」。ゴーハムの第一歩は、朝、東亜電機の門前に立つことにはじまった。一八三cmの大男が、出勤してくる工員達一人ひとりに笑顔で挨拶する。東亜電機の再建にあたり、ゴーハムは積極的に工員たちに挨拶し、話しかけることからはじめたのである。日本ではタイムカードがなく、定時出勤の習慣が定着していなかった頃である。それからはもう、朝の始業に遅れる者はいなくなった。

昭和の初期、工具達には不安と心配がいつもつきまとっていた。不況で電話機は売れない、経営は赤字続きだった。いつも自分達も首になるのかとビクビクの毎日。だが、雨の日も風の日も、門前に立ち自分達を出迎えるゴーハム技師長の姿に、いつしか会社の中に笑顔と挨拶の輪が広がっていった。電話機の需要は好・不況の波がある。生産調整のために「電動工具」の製作を経営の柱にすることにした。東亜電機のモータードリル、グラインダーは舶来品に比較し遜色がない。産業界に広く採用され、現在でも日立の電動工具の名声は高い。

ゴーハムは、スターター、ディストリビューター、「自動車用電装品」の製作にも取りかかった。自動車会社、修理工場からの注文も増え、電話、電動工具に続く経営の三本柱に成長し、経営の安定と収益向上に大きく貢献した。

昭和六年に誕生したダットサン、大阪・豊国自動車のカタログには、「電気装置は、東亜電機製発電機及び始動電動機を装備し、着火は蓄電池及びコイル式とす」とある。ダットサンは信頼性を重視、ドイツのボッシュ、イタリアのシンチュラなど海外一流メーカーの部品を使っていたが、東亜電機の製品は輸入品に遜色のないレベルに達していたことがわかる。ダットサンの設計者、後藤敬義とゴーハムは、ダット自動車と東亜電機、会社を異にしても、師弟間の意見交換がなされていたに違いない。

東亜電機は、業容の拡大により横浜・戸塚に移転が決まり、後に日立製作所の戸塚工場になる。

二　アメリカン・エンジニアリングの神髄を日本へ

昭和八(一九三三)年十二月二六日、政・財界の要人を招き、帝国ホテルで「自動車製造」(翌年、社名は日産自動車に)の創立披露のパーティー、外人技師夫妻歓迎の小宴が開かれた。

鮎川を初め日本人幹部達も、妻子を伴い出席した。

鮎川は「英語」で、

「自動車工業は地球上のこの一角では、ほとんど存在しないのでありますが、十分なる資本と、適正なる指導と訓練があれば、日本で日本人自身が自動車工業を築くことが出来ると確信しております。そのために、米国から専門家の皆様をお招きしたのであります。私は米国の人なり会社なりと、密接に協調して新事業を発達せしめたい。いささか遠大な望みかもしれませんが、私は新会社の活動を通じ、太平洋両岸に位置する二大国民、相互理解の促進に資せんと望んでいる者であります」と挨拶。

ゴーハムは「日本語」で、

「鮎川様より自動車の製造事業は米国の技術によらねばならぬという話がございましたが、日本の家内工業にも優れた特徴があることを忘れてはなりません。実は、私が初めて参りました時には、米国式そのままに日本に移植して成功すると考えておりましたが、実際の経験によると左様ではなく、日

本には日本の特徴があり、なかなか良い点も多く、これらに順応していかねば、成功は望み得ないのであります。私は米国式の優れたる点と日本式の良い点とを組み合わせて、将来事業の成功に努力すべきものと存ずる次第です」と応えた。

鮎川義介五二才、ウィリアム・ゴーハムは四五才、油の乗り切った人生一番の働き盛りだった。

工場の建設には、ゴーハムの他、四人の米人技師が指導に当たっていた。

「ジョージ・マザウェル」

祖父の代からの鍛冶屋の名家。横浜工場の建設後、ドイツKDF（後のフォルクス・ワーゲン）鍛造工場を建設。「マザウェル・フォージング」の名が今に残る超一流のエンジニア、後にGMの副社長。

当時、部下だった島村易氏が書き残す。

「マザウェルさんは鍛造の神様みたいな人で、型の設計から型彫り、それから型打鍛造を自分で試し打ちする珍しい技術者でした。三段打ちのコネクチングロットの鍛造には丸棒を荒打ちして、右端の型で中間成型をした後、真中の型で仕上げをします。それを三つ、四つずつ順次叩くのですが、間の取り方が実に旨いのです。その流れる様な手捌(てさば)きには、ただただ感服したものです。自動車工業にとって、鍛造技術がいかに重要かという認識を私達に植えつけたのは、このマザウェル氏です」。

「ジョージ・マーシャル」

フォードのゼネラル・フォアマン。GMでの経験も有するプレス型設計と型製作のエキスパート。

159　六　ウィリアム・ゴーハム

彼のボスはゴーハムに語った。

「彼を手放すことはとてもつらい。しかし、彼自身のためには良いチャンスだ。もし彼が望むなら、帰るまでポストは空けておく」

妻とお嬢さんも来日。金髪美人のタイピスト、ダットサンの展示会ではモデルになっていた。

「H・W・ワッソン」

ハイランドパーク、ディアボーン両工場で経験を積んだ、フォード・プレスショップのフォアマン。現在、日本の金型は世界生産の過半のシェアを占め、日本工業の品質と生産性の高さを支えている。この金型技術は流れを遡ると、マザウェル、マーシャルとワッソンの掘った、横浜・子安の泉に至る。

「アルバート・リッル」

機械現場の親分格だった。ゴーハムと共に来日、実用自動車、戸畑鋳物の現場指導に当たる。戸畑鋳物の若き技師だった森本功氏によれば、

「腕に刺青（いれずみ）、毛むくじゃら。気が短く、気に入らないと大学出の技術員でも『ユーアーファイヤー』お前は首だ、と権限は絶大。彼を別の職場に替え、リッルの目に付かないよう、匿（かく）うのに苦労した。奥さんは陽気でオープンマインドなアメリカ人。芦屋の自宅に月に一度、日本人の部下を呼んでスキヤキパーティー。美味しい神戸牛をたらふくご馳走してくれました」

昭和二七年の『ニッサン・ニュース』創刊号に、当時の部下達がリッルの想い出を語っている。

160

「ダットサンのコンロッドの曲がりを手直ししていてリッチに叱られた。あの時は大量生産の互換性の重要さを身にしみて味わいました」

「時間の観念は立派で、実に厳格、少しでも遅刻するとガミガミ怒った」

「非常に優しいところもあって、雨降りや強い風の日には、必ず駅までクルマに乗せてくれました」

米人技師達は、世界最新の量産技術と、その過程で形成された「アメリカン・エンジニアリング」の神髄を日本の土壌に移植するという功績を残した。

創業の日、寒風の吹き荒れる子安の海岸に働いていた人達は総員三〇名に満たなかった。大阪の戸畑鋳物自動車部の人達だけでなく、九州・戸畑工場の機械経験者にも召集がかかった。新子安駅は未だなかったので、転勤者は地図を頼りに東神奈川駅から歩いた。地図の示すあたりは一面の砂原で、自動車会社らしきものは何もなかった。砂原の中に小さな小屋が建っており、それが事務所、食堂、機械の分解・組立場を兼ねていた。

ゴーハムが米国で買いつけた機械が船便で到着するが、グリーソンの歯切盤の外はほとんどが中古品で、見たこともない専門機械である。シンシナチーNO2・センターレスグラインダー、ポッター・ジョンストン自動タレット盤。分解し、組み立てろと言われても、誰も知識も経験もなかった。応用動作で苦労と苦心を重ね、精密機械のからくりを学んでいった。晴れた日には、二地区の上空で「曲

芸飛行」があり、キリモミ、宙返りなどの航空ショウを無料で見ながら作業が続いた。

横浜・新子安の海岸のど真ん中に、敷地四万坪、建坪二万五千坪。年間五千台のダットサンの大量生産、東洋では最大で最新の工場が完成した。そして昭和一〇（一九三五）年四月一二日に組立ラインからダットサンの一号車がオフライン。外人技師達もラインサイドに立ち、鮎川社長、社員と共にダットサンの誕生を祝った。

東亜電機が戸塚の新工場に移転し、空き家となった渋谷の工場に「国産精機」が設立された。社長は村上正輔、ゴーハムは常務取締役、技術の総責任者となった。

ダットサンの人気は高かったが、欧米のクルマに比し、ギヤやデフの騒音が大きかった。鮎川は高精度の工作機械の必要性を痛感、自らこの分野を開拓する決断をした。ゴーハムに異論はない、むしろこの仕事は、自分で手掛けたい長い間の宿願でもあった。

昭和一一年七月、瓦斯電の工機部門と篠原機械を合併、社名を「日立精機」に改める。我孫子工場を建設、昭和二〇年には従業員一万人、日本最大の工作機メーカーに成長していた。

若手の技術者や腕の良い職人を何人か集め、ゴーハムはまず「タレット旋盤」に狙いを定めた。旋盤の歴史は古く、応用範囲も広い、町工場で働く職人の大半が旋盤工といわれたほどである。ある職

場では「赤ん坊以外なら、何でも作れる」と自慢し、別の職場では「蜘蛛の巣以外なら、何でも作れる」と胸を張る。タレットとは軍艦の砲台のこと、左右に回転する刃物台に、四～八本の刃物がセットされており、未熟練者でも高能率、高精度の加工が可能である。

ゴーハムは、当時の最優秀機、ワーナー・スージー社のタレット旋盤を分解し、スケッチすることからはじめた。再び組み立て、調整し、実際に切削してみせた。ゴーハムの機械作りの特徴を挙げると、第一は、A・B・C案を比較検討し、Aが最善と決定すると、どんな困難や障害があっても、その変更は許さなかった。頑固であり、安易な妥協を絶対に認めなかった。

第二は、ビス・ネジの一本に至るまで、強度と安全係数を計算させた。部品は全て焼入れをし、硬度計で計測、合格品のみを使用した。

第三は、図面は原寸で画かせ、1/2などは絶対に認めなかった。設計者の勘違い、製作者の見落としをなくすためだった。

第四は、設計変更が多いこと。不満をもらせば、

「今ケント紙上で訂正することは、僅かな費用と労力にすぎないが、一度加工した後に変更があると、大変な労力と時間の空費となる。だから図面の上で訂正しておくことが大切なのだ。我々は神ではないのだから、最初から完全な図面を作ることは出来ない。したがって何千回でも努力して訂正することが立派な技術者になる唯一の途ではないのだろうか」

と、懇々と諭した。

日立精機のタレット旋盤は、使い易く、高速重切削の面でもワーナー・スージーに遜色なく世界水準に達した機種だった。昭和一四年から二〇年までに、二番形・五七三台、三番形・二〇一〇台、四番形・一二五〇台……と七番形まで、四五〇〇台を超え、これは現在にも残る不滅のベストセラー記録である。

一九四一年五月二三日、ニューヨークタイムズは小さな記事を載せた。

「合衆国市民権を棄てゴーハム夫妻、日本国民に。ウィリアム・R・ゴーハムと妻のヘゼル・H・ゴーハムは合衆国市民権を放棄し、日本国籍を取得した。日本人と結婚したアメリカ婦人の例はあるが、夫婦共にでの帰化は初めてのケースになる」

ゴーハムの帰化名、「合波武」は村上政輔社長が選んだ。

「合」は和合、「波」は海の彼方のアメリカ、「武」は武士の国日本。ウィリアムは「克人」、ヘゼル夫人の名は「翠(みどり)」。夫妻は、日本とアメリカの架け橋を意味するこの名が気に入っていた。

満州事変が起こり、日中戦争がはじまり、日本は世界の中で孤立を深めていった。昭和一五年九月の日独伊三国同盟が締結され、日本とアメリカの溝は決定的となった。ゴーハムの長男、ビリーは父と同じエンジニアの道を進むことになり、成城学園中等部を卒業し、高校からアメリカに、大学はカ

リフォルニア工科大学の機械科に学んだ。次男のダンは母と同じ文科系を歩む。成城学園から東京大学文学部に進み、卒業論文は「日本文法における特殊形式の研究」。卒業は一六年三月だった。実業家も教育者も外国人の帰国が続くなか、日米開戦が避けられない情勢になっていた。ダンも帰国することになり、母は最愛の息子に語った。

「アメリカに帰ってからも、出来るだけ日米関係が良くなるよう努力してくれたら嬉しい」

ダンは昭和一六（一九四一）年五月、日本郵船の竜田丸で帰国した。日米開戦、ビリー、ダンの二人は海軍士官になり、米国の超エリート集団、海軍情報部に勤務した。

子供達との別れの夜は何を話しても涙が止まらず、とても切なく辛いものだった。ゴーハムと日本人が好きになり、どうしても離れがたく、心から愛してしまっていた。祖国に戻り、もう一度人生をやり直すことは出来なかったのだ。妻も子供達も、ゴーハムの心情を理解してくれていた。覚悟の上とはいえゴーハム夫妻には辛い哀しみの日々がはじまった。朝の通勤電車、アメリカ人だということで、満員の人達がジロジロと睨んだりする。ゴーハムは、遠くの工場を避け、住居に近い川崎工場へ行くことが多くなった。

職場から応召される社員も増えていく。その都度、職場では出征兵士の壮行会が設営された。軍歌を歌い、武勲を祈願し、日の丸の旗に寄せ書きをする。ゴーハムの書く文字は金釘流、一字一句を漢字で丁寧に合波武克人と記名した。自分の二人の息子と太平洋の戦場で殺し合う男達であったが、帰

化をした以上、ゴーハムはアメリカ人、寄せ書きを拒否することは出来ないのである。「帰化したとはいえゴーハムはアメリカ人、仕事上はともかく、個人的な付き合いはくれぐれも慎重を期し、避けるように」と、軍の監督官の話が伝えられた。

ゴーハム家を訪れる人はめっきり少なくなっていた。夫妻には、もっと哀しい出来事が続いた。戦争がはじまり、統制は社会生活全般にも及び、宗教活動も例外にはならなかった。プロテスタントの多くの宗派は、「日本キリスト教団」に統合された。クリスチャン・サイエンスの教会は解散になり、夫妻にとって生きがいで唯一の楽しみ、教会に行って神に祈ることが出来なくなってしまったのだ。

ヘゼル夫人は、軽井沢の日本産業の寮に軟禁（なんきん）され、夫と別居生活を強いられることになった。「クリスチャン・サイエンス」の信者だった友人が、開戦直前に母国、中立国のスウェーデンに帰国し、信仰に関する書類をボストンの母教会から受け、ヘゼル夫人のもとに送っていた。この時の交信が当局にマークされたようだ。国際スパイ、ゾルゲが騒がれていた頃のこと、時期も悪かった。軽井沢では二人の特高が監視についた。夫人は外出を避け、庭の草花や虫達の写生が唯一の慰めになっていた。

三　天皇陛下地方巡幸の初日に

一九四五年は、トヨタとニッサンが、大きく明と暗に分かれる年となった。愛知県のトヨタは疎開（そかい）

命令もなく、八月一五日の終戦の日を含め工場は操業された。トヨタには「九月末の資材保有量は普通鋼二五〇〇台分、特殊鋼二二〇〇台分、銑鉄三四〇〇台分、非鉄金属五〇〇〇台分があった」(山本直一『日本の自動車』)が、これに対し、ニッサンには空襲を避けるため疎開命令が出され、栃木県の地下工場へと航空発動機製造設備は貨車に積まれ矢板駅に。工場は未完成で、機械類は駅近くに野積みのまま終戦を迎えた。四五年に入り、工場のラインは事実上停止状態。資材のストックも底を突いていた。五月の横浜大空襲により、横浜は焼け野原に。川の向こうのビクター工場などは集中的に爆撃されたが、ニッサンには一発の爆弾も落とされなかった。

同年九月二日、ミズーリ艦上で降伏調印。九月一〇日には横須賀に上陸した米第八軍の先遣隊はジープを連ね横浜へ、第一にしたことはニッサン本社と横浜にあった工場の接収だった。
連合国軍の主力は米軍であり、アイケルバーガー中将指揮下の第八軍、三軍九個師団、四〇万人。その司令部と車両基地(第七三兵器廠)にするため爆撃対象から除外していたのだった。関東平野の要地、東京と横浜に近く、敷地は広い、港湾も使える。ここに立地を決めた鮎川義介と同じ目線で、米軍は見ていたのである。
「泣く子と進駐軍には勝てない時代」。しかし何とかして、一部でも使えるようにしないと、この会社には生き残る道がない。

一〇月一日、臨時株主総会。山本惣治が社長、ゴーハムが取締役(翌年専務)工場長に選ばれた。創業時のコンビが、再び難局の指揮を執ることになった。山本とゴーハムは、GHQの担当将校に嘆願した。GHQと第八軍の経済産業担当のスタッフがニッサンの事務館を占拠していたのである。

「日本では自動車の製造は許可されてはいない」

担当官の返事だった。二人は繰り返し嘆願を続け、日本の迫りくる食糧危機を訴え、自動車の生産再開がいかに重要かつ急務かを説明した。担当官、GHQ・ESS(経済科学局)の工業統制官バンチング少佐は好意を示した。

「このような大問題はここで直ちに解決することは出来ない。四人の将軍のサインが必要である」

米軍は直ちに横浜工場を視察。数日後、接収した三工場のうち第一工場(接収面積の一六%)と三つの事務館のうち一号館(現在のニッサンエンジン博物館)の使用が許可された。

バンチング少佐と第八軍の経済部長(民政長官)バラード大佐は、二人とも産業界出身のエンジニアであった。自動車生産の再開や賠償指定の解除などに尽力してくれた人達で、ニッサンの事務館(二号館・三号館)で占領行政を執務をしていたのである。

第一工場が返還されたとはいえ、トラックの生産再開にこぎつけるのは容易ではなかった。第二、第三工場から機械類をアメリカ軍兵士がブルドーザーで搬入。第一工場に何千台という機械が足の踏み場もないほど乱雑に押し込まれた。

機械を再配置し、治工具を整える。ゴーハム工場長の指揮の下、トラックの生産ラインが稼動したのは二ヵ月後。不眠不休、全社員が火の玉となって働いた成果だった。
「今は日本が立ち直るかどうかという重要な時期、少々無理なことでもやってもらわねばならない。焼け野原と化した日本の国土、この廃墟を出発点に技術と技能を磨き、日本を再生しよう。今は苦しくとも、これからの日本は世界に出られる、前途洋々なのだ」
ゴーハムは両手を広げ大声で叱咤激励した。

「行幸の報が一度会社の内部に傳わるや、我社の新生日本の出発に燃ゆる従業員一同の敢闘振りが、天聴に達したというので、全員非常な緊張振りを示して、工場の隅々に到るまで活気を呈するに至りました」（山本惣治『天皇陛下行幸記録』）

昭和二一年二月二九日、「天皇の地方巡幸」の第一日。
昭和電工と日産自動車、横浜市・稲荷台の引揚者の共同住宅などを訪れることになったのである。地方巡幸は東京からの予定だったが、新聞に情報が漏れ、神奈川県に変更になったのだ。
その第一日、なぜ昭和電工とニッサンが選ばれたのか。
昭和電工は食料増産に不可欠な肥料「硫安」、ニッサンは食料の運送に必要な「トラック」。この二つが、「食糧危機」が迫る敗戦国日本の最重要課題、社員はそう感じていた。

天皇の地方巡幸は足掛け八年、沖縄を除く全国に及んだ。

第一日目が、その後の地方巡幸の日々と異なるのは、「外国メディアの特派員」が大勢同行し取材、その様子が世界に伝えられたことだった。五月には「極東軍事裁判」が開かれる。世界中が、「天皇訴追」問題に関心が高く、天皇の動向を注視していたのである。当日、ニッサンの正門に国旗・日の丸が掲揚された。当時、国旗の使用はGHQから禁止されていた、それ故、これは戦後はじめての事例である。

山本社長は、第八軍民政長官のバラード大佐に特別許可を申し入れた、大佐の返答は即OK。そして「我々、ニッサンに駐在するアメリカ軍兵士、その代表も共に天皇をお迎えしたい」と言う。宮内省はこの扱いに苦慮したに違いない。

それまで陛下がお会いになったのは、連合国軍最高司令官マッカーサー元帥ただ一人だった。宮内省の指示は、「陛下の御前、約八歩手前の所で敬礼、社長が代表四名を順次陛下に紹介する」。ゴーハム工場長が、四人の代表者に拝謁の手順を事前に説明した。

第八軍第七三兵器部長　　スモーク大佐

同　　経済部長・民政長官　　バラード大佐

GHQ物資調達部長　　R・A・メイ（戦前の大阪にあった、日本GMの代表者）

同　国際法務局　　マクミラン中佐

山本社長の会社概要の説明が終わり、ゴーハムと四人の代表が入室。スモーク大佐は極度の緊張の故か、予定外の行動に出た。陛下の直前まで進まれたのだ。陛下は即座にこれに対応、玉座を立たれ大佐と握手。

大佐は、

「進駐以来、言葉は通じないながらもトラブルはなく、ニッサンの人達に非常な協力を得てきた。第二、第三工場からの設備移動に際し、社員は短期間に機械を再配置し、生産ラインを稼動された。手際の良い仕事振りと高い技術力、トラック生産の再開と日本の復興への奮闘振りには、唯々驚き、全く賞賛の外にないものだった」と五・六分間も、自分の見たままの実情を、山本社長の通訳で具体的かつ詳細に報告した。

陛下は幾度も頷かれたという。終わりに握手され「またお会いしましょう」と仰（おお）せられた。

外国メディアはゴーハム工場長を記事にした。ニューヨーク・ヘラルド・トリビューンは、

「天皇を先導したのはウィリアム・ゴーハム工場長。サンフランシスコ生まれ、二六年間、日本に在住の工業技術者。帰化日本人、しかし二人の子息は米国に戻り、大戦中は二人共に米国海軍士官、海軍情報部に勤務。戦争の間、ゴーハムは工作機械の製造に従事し、現在はかつて働いていた自動車会社の製造担当役員に復帰している」と紹介した。

四　帰化日本人、多磨霊園に眠る

戦後の再建がようやく緒についた昭和二三年の春、ゴーハムはニッサンを離れることになった。山本社長が「公職追放(パージ)」になり行動を共にすることにしたからである。山本社長は東京外語大の出身で英語は堪能、占領行政にも協力的であり、接触も多い。GHQは山本社長を追放リストから除外する意向だった。

しかし、これを知った労働組合が動き出す。臨時大会を開催、山本社長の解任動議を提案。賛成六九三五票、反対六三票で可決された。組合長の益田哲夫は「解任決議」をGHQに提出した。ニッサンの組合を「左翼戦線の前衛」にするためには、手強い経営陣は邪魔だったのである。組合員は自分達の意志で、まだ冬の荒海の航海の途中に、勇敢な船長と七つの海を熟知した航海長を下船させてしまったのだ。

公職追放の実際は、企業規模によるもので、資本金一億円以上で線引きされていた。ニッサンの資本金は一億円、トヨタ自動車は九四三九万円だった。この僅かな差と違いが、それからの両社をまたしても明と暗に分けることになった。

トヨタは豊田喜一郎、石田退三、大野修二、神谷正太郎など首脳陣が無傷で残り、ニッサンは山本

社長の他に、専務・大竹正太郎、川端良次郎、常務・前田勇も公職追放になった。ニッサンの新社長には日本油脂出身の総務部長、箕浦多一が昇格し就任。経営陣の空白を埋めるため、日本興業銀行からやって来たのが、広島支店長の川又克二だった。弱気、逃げ腰の経営者に代わり、過激な組合の要求に、一歩も引かない強気・強面の交渉役、川又は「ニッサンの鬼」、会社の救世主となった。後に歴史に残るニッサンの一〇〇日争議に勝利し、川又は社長になる。

昭和三七年三月、追浜工場の竣工式。社長就任五年、川又克二は五七才、労使相互信頼の碑と、時の経営者の像が披露された。

原野に鍬を入れた祖先の肖像も、横浜に自動車工場を建設した創立者の胸像もないこの会社に、「自らを以て古(いにしえ)となす」。これはおごりの春の記念碑になった。

高度成長にも恵まれ、社長一六年、取締役会長一二年の長期政権となった。取締役会では、一人マイクを握って離さず、ワンマンとも川又天皇とも呼ばれた。川又の長期政権を支えたのは、労働組合、塩路一郎自動車労連会長ともちつ凭(もた)れつの二人三脚、労使の癒着(ゆちゃく)だった。

その追浜工場の近くに史跡「夏島」があり、ここで伊藤博文が明治憲法草案を起草した。

昭和になり周辺海域が埋め立てられ、「追浜海軍航空隊」の飛行場になる。源田実など腕自慢のパイロット達が、日夜、海軍の試作機の試験飛行をしていた所である。実戦さながらに性能を追求した危険なテスト飛行のため、よく事故が起きたという。テストの前夜には、航空司令が出席し、壮行の

六　ウィリアム・ゴーハム

宴が設営された。当時、航空司令のいた建物と衛門の側にあった二本のヒマラヤ杉は今も残っている。

昭和二三年から三三年、米軍の自動車再生工場、「富士自動車」がここにあった。社長は公職追放になってニッサンを離れた山本惣治、副社長はウィリアム・ゴーハム。二人のコンビがまた復活する。

太平洋戦争、破損し戦場に放置されたままになっていた大量の米軍車両、ジープやトラック。その数は二〇万台とも言われた。再生するには技術員と熟練した作業員が必要となり、東南アジアでは日本以外に候補地はなかった。進駐軍から「事業として可能かどうか、YESかNOで答えよ」と迫られ、山本は即座に「出来ます、破損自動車の修理は可能です」と答えた。満州自動車時代、ノモンハン事変で破損した陸軍の車両を解体・再生した経験があったからだ。

また山本が、ニッサンから満州に引き連れていった部下達が復員してくる、その人達への仕事の世話で日夜頭を悩ませていた。それも一挙に解決出来るのである。追浜航空隊の飛行場跡地、六〇万坪に自動車工場が建設された。機械・設備が配置され、コンベアが引かれた。建設の指揮を執ったのはゴーハムである。LSD（上陸用舟艇）により海上から運ばれてくる破損車両は、工場で解体、部品にバラされ化学洗浄。スクラップに回るのは二〇〜二五％。気化器、タイヤ、バッテリー、配電線など数千点が日本で調達された。

部品メーカーにとって、支払い遅延も単価の引き下げもなく、儲けの厚い良い仕事であった。そして、何よりもプラスになったのはアメリカの「管理技術」を実地に勉強出来たことだった。敗戦、日

本人は誰もがB29の大編隊、アメリカの「物量」に負けたと思った。その主役はデトロイトであり、ビッグスリー（GM、フォード、クライスラー）は自動小銃から戦車までも生産する兵器廠になっていた。一日一八機、月産五四〇機、戦争が終わるまで八八〇〇機、フォードのウィローラン工場は爆撃機B24を流れ方式で生産していたのである。戦時中、格段に進歩したのは、管理技術、量産技術が人体の骨格とすれば神経組織に相当する。後にデミング博士が日本の産業界に指導した「品質管理」は、その代表例である。

戦後、日本はアメリカ式管理技術に、日本的な創意を加えて、世界一の工業製品を作り上げていく、富士自動車に部品納入していたメーカーは、その第一期研修生だった。

富士自動車で再生した米軍の車両は、一〇年間で二三万台近くになった。従業員も二千人、四千人、六千人と増え、最盛期は日産・トヨタと同規模の九千人に達した。の、日産・トヨタ・いすゞの普通車生産台数の合計が約三三万台。昭和二三年から一〇年間

その頃朝鮮戦争が勃発。北朝鮮の奇襲攻撃に、朝鮮海峡近くまで追い詰められた米・韓の国連軍、その主力は日本に進駐していた米第八軍だった。

マッカーサー元帥の指揮による仁川上陸作戦、国連軍が反撃するが、原動力の一つが富士自動車で、戦場での大量の破損車両を素早く再生し、最前線に送り届けたことにある。

占領期が終わり、昭和三三年、富士自動車は役割を終え閉鎖となり、三六年その跡地にニッサン「追

175　六　ウィリアム・ゴーハム

浜工場」の建設がはじまり、追浜海軍航空隊、航空指令のいた建物はニッサンの「中央研究所」になった。

富士自動車の創業、ゴーハム副社長の仕事は激務だった。しかし、彼は人生に残された時間を惜しむかのように、昭和二三年一一月、「ゴーハム・エンジニアリング」を設立、休日と夜の時間をその活動にあてた。日米に二度と不幸な戦争を起こさないために、ゴーハムが考えに考えた末の結論だった。たとえ憎しみの心が双方に生まれても、銃を取り合いに殺しあうことを防ぐ「仕組み」を作る。

それはもっと、もっと多くの「技術の橋」を二つの国の間に架けることだった。

設立一年、顧客は、萱場工業、日本発条、矢崎電線、ブリヂストンなど三〇数社を数えた。最初の顧客となった「精機光学工業株式会社」（現・キヤノン株式会社）の例を紹介しよう。

昭和八年十一月、創立者の内田三郎は、山口高校の先輩、鮎川義介の「資源の乏しい日本では頭脳と高度の技術を要する事業にこそ目をつけるべきだ」という言葉に触発され、「ライカに負けない国産高級カメラの製作」に踏み切った。

太平洋戦争、内田はシンガポールの市政官に、取締役の御手洗毅が後任社長になり、終戦を迎えた。御手洗社長は心境を「キヤノン史」に述べている。

「さて、これから、どうしたら良いのだろうかと、つくづく考えてみたときに、結局のところ、日本

は物量で負けたのだ。頭脳の差で負けたのではない。その証拠に、日本は零式戦闘機というものがあって進駐軍もこれをつぶさに見て、その優秀さに舌をまいたということだ」

しかし、ライカ、コンタックスの名声は高く、ブランド力には大きな差があった。御手洗は北大医学部出身の産婦人科医、技術について信頼出来る相談相手が欲しいと知り合いの満州投資証券社長の三保幹太郎に相談、紹介されたのがウィリアム・ゴーハムだった。

ゴーハムは工場を診断し、「キヤノンカメラはワンダフル」と絶賛した。「新しい機械を買い入れるのではなく、今ある設備を改善し、活かすことが急務です」。御手洗社長はこの言葉に意を強くした。

ゴーハムが指導したことは、モノづくりの基本だった。

第一はデイリー・プロダクション（毎日均等生産）。日本人には、期限が迫り、追い込まれないと頑張らないという職人気質があった。

しかし、最後の数日に追い込みをかけるこの方式では、毎日の生産量にムラが出来、製品の質にバラつきが出来る。カメラのような高級品には適さない仕事の仕方だった。ゴーハムは、工程を改善し、デイリー・プロダクションが常態となるまでに至った。

第二は製品検査の独立。検査部長は生産責任者の工場長の部下から社長の直属に変わった。これは人情の機微に触れた卓見として、御手洗社長はゴーハムの意見を採用したのである。また、ゴーハムは知り合いのアメリカ人にキヤノンを熱心に紹介した。

米軍のPX（酒保）では帰国する兵士達が日本占領の記念にキヤノンを買い求め、朝鮮戦争、取材に来日した米国の記者やカメラマンもキヤノンカメラを絶賛したのである。

ゴーハムは、医師であり経営者の御手洗社長を深く信頼し尊敬、二人は師弟というよりかけがえのない友人として家族ぐるみの交際を続けていた。昼は富士自動車の副社長、ゴーハム・エンジニアリングの仕事は休日や夜間になった。訪問客と技術の話しになると上機嫌となり、夜遅くになろうとも少しも苦にしなかった。

訪れた人達には、ヘゼル夫人がココアと手作りのクッキーを出してくれた。甘い物を口に出来なかった時代、これは大きな楽しみだった。このクッキーは一二月、クリスマスの三日前になると、ゴーハムが日本人家庭にも届けていた。とんでもない大男の外国人が大きな風呂敷包みを背負い、夜日本人の家庭を訪れた。家人や子供達には驚きだった。風呂敷は魔法の玉手箱、缶詰・石鹸・子供の衣服と靴下・お菓子など、ゴーハムが米国人の知人から贈られた品々と夫人手作りのクッキーが現れたのである。ゴーハムはサンタクロースの代役も務め、日本の子供達にクリスマスの夢を届けていた。

昭和三五年、江戸幕府が派遣した咸臨丸が太平洋を渡りサンフランシスコを親善訪問してから一〇〇年目であることを記念し、日米協会（会長・石坂泰三）が主催し、日米修交一〇〇年記念行事が催された。この催しで日米親善に功績のあったアメリカ人、二八六人が顕彰された。

ペリー提督、マッカーサー元帥、札幌農学校のクラーク博士などである。その中に、ウィリアム・ゴーハムとヘゼル・ゴーハムの名があった。夫は工業技術者、妻は日本芸術研究の分野である。夫と妻が異なる分野で共に選ばれたのは、ゴーハム夫妻だけというのがヘゼル夫人生涯の誉れであった。

ヘゼル夫人の父は牧師、母は画家。夫人はアイビーリーグの名門ブラウン大学で美術史を専攻し、美術についての素質と素養が豊かだった。

大正八年、夫と共に来日。夫人は日本の自然の美しさと日本人の心優しさに魅せられ、日本の伝統文化の素晴らしさの虜(とりこ)になった。日本の伝統文化には、どれもがヘゼル夫人を魅了したが、中でも草花を野にあるまま生活に取り入れた「活花(いけばな)」、日本各地に残る伝統の人形と陶器、庭園の美しさだった。高価な美術品よりも、自然と共に生きる人々の暮らしや、さりげなく生活の中に使われている工芸品に、日本人の精神の豊かさを感じていた。

戦争は双方の「小さな誤解」からはじまる。アメリカと日本、二つの国は歴史や文化、その素晴らしさを相互にもっと理解し合わなければならない。華道の専門書ではなく、この一冊さえ身近にあれば、独学でも基本から応用まで、日本人の心の文化のひとつである、華道をマスター出来る教本(テキスト)を作りたい。手すき、上質の和紙を使い、自らの挿絵を入れた美しい装丁、『活花のマニュアル』(Manual of flower arrangement) は、そんなヘゼル夫人の祈りから生まれた本である。ヘゼル夫人は、戦後、学習院と青山学院で英語の教師をしていた。教室ではテキストを教えるだけでなく、折に触れ

179　六　ウィリアム・ゴーハム

日本の伝統や文化を教材に取り上げ、次代を担う敗戦国の若者達に日本人であることの誇りと歴史の大切さを語りかけた。

また、「東京婦人クラブ」の美術主任として、東京に住むGHQ将校、外交官、特派員の夫人達を相手に、日本の歴史と文化を解説、活花を手ほどきし、米国とは異なる天皇制、日本社会の仕組みと人々の生活について講演をした。当初、夫人の祖国アメリカへの忠誠心に疑問を挟むメンバーもいたが、ヘゼル夫人の学識と信仰、戦争中の苦難の日々を知るにつれて、誰もが畏敬し、次第に敬愛の念を抱くようになった。

『ニューヨーク・ワスプ』(オーウェン・エドワーズ)にアメリカの支配階級、上級WASP(ワスプ・エリート)の条件が紹介されている。「家系では少なくとも片方の親が建国以前の移民であること。独立宣言にサインした家族（一三州代表五六人）ならばなお良い。母か祖母が画家、またはクリスチャン・サイエンスの信者であること」。ゴーハム家は、典型的なワスプ・エリートなのである。

「クリスチャン・サイエンス」は、一八七九年にメアリー・ベーカー・エディがボストンの地に創始したプロテスタントの一宗派、創始者が女性。それ故、ボストン・ニューヨークの上流社会、女性に信者が多いのが特徴だった。機関紙『クリスチャン・サイエンス・モニター』はアメリカ社会の指導層を読者に、政治・外交政策にも大きな影響力を持つ高級紙(クオリティ・ペーパー)だが、日本に特派員を派遣、東

ヘゼル夫人、明治ビルにオフィスがあり、後にライシャワー大使夫人となる松方ハルさんも働いていた。京・京橋、明治ビルにオフィスがあり、後にライシャワー大使夫人となる松方ハルさんも働いていた。

ゴーハム夫妻は今、東京多磨霊園（二四区一種一一側一四番）に、日本人として眠っている。墓は自然石を配したごく簡素なつくり、古寺の枯山水を思わせる、日本の美しさと日本人の美意識を形にしたヘゼル夫人の作である。

ゴーハムは昭和二四年一〇月二四日逝去。診断書に書かれている病名は萎縮腎。子息、ダン・ゴーハム氏によれば、この世での最後の言葉は、「神への祈りと日本への感謝であった」という。

藤田稔（みのる）氏、中学・高校が成城学園でダンさんと一緒、大学は九州大学工学部に学ぶ。今もダンさんとは兄弟のよう、来日の折には必ず藤田宅に泊まっている。藤田さんは戦後、ゴーハム・エンジニアリングでゴーハムの秘書兼助手として働き、その後、「梁瀬自動車（ヤナセ）」の役員としてGMを担当、品質管理のデミング博士をご存知だった。

「ゴーハムさん、デミングさん、私は二人を尊敬しています。二人はとても似ているのです。心から日本を愛し、その半生を日本のために捧げられました。ゴーハムさんが亡くなられ、代わってデミングさんが来日いたしました。『地にはおだやか、人には恵（めぐ）み』神の福音を伝えるかのように、二人は

日本の復興に尽力されました。一点の曇りもない清冽(せいれつ)なお人柄、本当にすばらしいお二人に日本は指導を受けたのです。ゴーハムさんは私に『手を油で汚してますか、立派な技術者になる道は油で手を汚すことです』と繰り返し言っていました。

葬儀が終わり、ヘゼル夫人に呼ばれ、『藤田さん、ご結婚を考えても良いお年頃ですね、家を作りませんか。ここに使うあてのない三〇万円ございます、石橋(正二郎)さんから頂いたお香典です。少しずつ返していただいても、返していただかなくとも良いのです。ご遠慮なく、藤田さん、家を作りなさい』と言っていただき、私は拝借、家を造り結婚。必死に働きお返しいたしました」

ブリヂストンの石橋正二郎氏は成功した実業家である。しかし敗戦で朝鮮・台湾の工場を失い、内地の工場は戦災を受け、会社は再建の途上、労働争議とインフレーションの中で経営は苦しかったはず。異国に一人残された妻に。せめて、これからの生活の支えになればと考えたのだろう。

「ゴーハムさんの死後、身寄りがなく一人暮らしのヘゼル夫人の相談にのり、物心両面心尽くしの御世話をなされていたのはキヤノンの御手洗毅社長です」

藤田稔氏は、戦前と戦後の日本を代表する二人の経営者、石橋正二郎氏、御手洗毅氏と、日本の工業の再生と日米の友好に尽くしたゴーハム夫妻との強い絆を語ってくれた。

七 片山 豊

Yutaka Katayama
1909-2015

ダットサンの忘れえぬ七人

一 その日、ダットサンがオフライン

片山豊がニッサンに入社した昭和一〇年四月、その一二日に横浜工場の組立ラインからダットサンがオフラインしている。鮎川社長以下、外人技師、幹部社員がラインサイドに並び第一号車の誕生を祝った。

会社生活のスタートが、ダットサンの記念すべき日に重なったことに、片山は何か自分とダットサンとの絆、運命的な出会いを感じていた。

「工場を歩きなさい。現場の人達と知り合いになりなさい」。上司、販売主任（課長）、内田慶三の指示だった。工場で働く人達は若く、自動車を造る喜びと緊張感が漲り、機械や工具も良く手入れがされていた。会社の役職には部長・係長がなく課長職の主任のみ。組織はフラットで職場は明るく、自由な雰囲気に満ちていた。片山はすぐに現場の人達と仲良くなり、機械の操作や自動車の製造工程を学んでいた。

新入社員の第一の仕事は見学者の工場案内、先輩のやり方を学ぶことからはじまった。例えば、鮎川社長の銀行幹部への工場案内はこうだった。

自ら、ハミルトンの大型プレスをはじめ、ご自慢の本邦初「型彫機」の性能を詳細に説明する。そ

して見学終了に当たり、
「日本は道路が狭いから小型車の方が便利だ。ダットサンは鋲一本まで数えると一万点の部品から成り立っている。手先の器用な日本人の工業に適しているから、外国車に決して負けない。これは必ず成功する事業だから、金を出しなさい」と結論を言う。

当時、金融界の常識、銀行員共通の合言葉は「機屋には貸しても、鍛冶屋には金貸すな」だった。鍛冶屋（機械工業）は、危険が多く融資はお断りだったのである。その潮流を変え、自動車工業に投資の道を拓いたのは鮎川だった。

新入社員の仕事は雑用係、その中で片山は、今でいう広報・宣伝の仕事に興味を感じていた。仁丹、花王石鹸、福助足袋、龍角散などが、花柳界の「口コミ」を有力な媒体としていた頃に、
銀座の「ダットサン・ショールーム」の開設。
ユーザーへの情報誌、「ニッサングラフ」の発行。
松竹少女歌劇へのダットサンの登場。
など、ニッサンの宣伝活動は、時代の水準を超えたモダンで斬新なものだった。
「ダットサンを売るには、医者、弁護士、自営業主の家庭を直接訪問して、その家の奥様方に直接働きかけることが有効だ」。担当役員、久原光夫（久原房之助の長男）のアドバイスがあった。

ミス・フェアレディの元祖、ダットサンのデモンストレーション・ガールの世話一切が片山の仕事になった。教養ある清楚な女性を四人公募、自動車の運転、礼儀作法と販売のマニュアルを教えた。家庭を訪問し、夫人に試乗をお願いし、興味を持ちはじめたら免許証を収るお手伝い。次にダットサンを購入してもらう、という手順である。

「マーケットリサーチ」という言葉が、日本のマネジメントに普及したのは六〇年代、ドラッカーの『現代の経営』がベストセラーになってからのこと。

ニッサンでは、その二〇年前の昭和一二年、全国の市場調査(マーケットリサーチ)がなされ、その記録が残っている。片山の担当は、東北四県、秋田、青森、岩手、宮城だった。どういう人達が買うのか、職業別紳士録で税金を千円以上納めている人をピックアップして調査。クルマの保有台数のデータは県庁が保管、しかし戦前、自動車は兵器、「軍事機密」、教えてはもらえない。販売店を廻り数字を集めるなど、言葉には尽くせない苦労の連続だった。この調査を基にダットサンの販売目標が決められていた。

昭和一一年、日中戦争直前のつかの間の平和、日本中を熱狂させた二つのスポーツがあった。一つは相撲、関脇・双葉山が五月場所で全勝優勝、双葉山の六九連勝がはじまった。

もう一つは新顔のモータースポーツ。報知新聞社主催の第一回「多摩川レース」。多摩川スピードウェイは東横線・多摩川河川敷に全長一二〇〇ｍ、本格的な常設レース場だった。第一回の六月七日は、五種目、参加車三五台、国産小型車部門にはダットサン四台とオオタ二台が参加、しかしダット

サンの惨敗に終わった。

小林彰太郎氏の労作『ダットサン・レーサー覚え書き』によれば、ダットサンは生産車をベースに素人が軽度にチューンしたもの、オオタは太田祐雄・祐一父子の設計になるワークスカーだった。観衆の中に、家族を連れ観戦する鮎川社長の姿があった。ダットサンの初期生産から、ロードスター、クーペ、フェートンといったスポーツタイプを加え、自動車レースにかける熱意には並々ならぬものがあった。

「秋の次回レースには、何としてでもオオタをやっつけろ。レース車を期日までに完成させるためには生産ラインを停めることも辞せず」。鮎川社長は激怒し、厳命が下った。

レースの責任者は後藤敬義、エンジンの主務は川添惣一、車体は富谷龍一、シャシーは田辺忠作であった。

組立工場の一隅に、紅白の幔幕にしめ縄を張った試作場が出来、日に夜を継ぐ突貫工事。約四ヵ月という記録的短期間に、DOHC・スーパーチャージャー付アルミボディーの「ダットサンレーサー」、二台が完成した。全社員の熱い思いと祈りが凝固したものだった。それは前回のレースの大敗によりダットサンは評判を落とし、会社は大ピンチに見舞われていたのだ。

「とにかく、在庫がぐんぐん増え、毎日首切りがありました。昨日は三〇名、今日は五〇名、明日は私かと毎日ビクビクしていたものです」。ニッサンニュースの創刊号の座談会で、川島治男、山本亀

雄両氏は工場の暗い日々、昭和一一年の夏頃の様子を語る。

在庫は推定で約一〇〇〇台、これは生産二ヵ月分の滞貨であった。

「絶対に勝たねばいかん。ニッサンのためにこの一戦は生命を擲ってやってくれ」。責任者の専務・渡辺十輔は壮行会、涙ながらに激励の辞を述べた。チームの責任者は呂畑正春、ドライバーは加藤一郎、安斎平八郎、大津健次、河野常治、川島政雄、宇野軍司。片山豊もチームの一員として、レースの準備から敵状の分析まで後方支援の一切を担当した。

レースの翌日、昭和一一年一〇月二六日の報知新聞は「三萬人の観衆、大熱狂、多摩川畔のスピード・スリル・商工大臣杯はニッサンの安斎平八郎氏に」と報道した。

翌一二年、日中戦争、世は戦時体制になり、多摩川レースは中止になった。ダットサンレーサーは、再び観客の前にその勇姿を現すことはなかった。このダットサンレーサーは横浜の従業員養成所に保管されていたが、昭和二〇年五月の横浜大空襲で消失した、と言われている。

昭和一四年、「満州自動車」が創立、山本惣治が理事長、上司の内田慶三と、片山も転勤となった。満州に工業を興し、産業を整備する。満州産業開発五ヵ年計画の中核、自動車工場の建設である。ドイツのKDF（後のフォルクス・ワーゲン）生産のウォルフスブルグを範とした壮大な自動車都市が、朝鮮との国境、安東に計画された。片山の仕事は都市計画の作成、クラブハウスを中心に、住宅と学校、郵便局、病院を配置した。青写真は出来たが、一番のネックは資材の調達。石油や石炭、

セメント、レンガに至るまで、使用と用途に軍の許可が必要であった。奉天の関東軍の倉庫に日参、参謀に頭を下げるのが仕事になった。

軍による物資の統制、実態は無駄が多く、非能率そのものだった。軍人達は横柄で横暴、駅や街中で目にする日本人、現地人への態度は粗暴で乱暴だった。理想と、片山の目にする現実は遠くかけ離れたもので、片山が満州の実態に失望し、絶望するのに時間はかからなかった。

外国から資本と技術を入れ、鉄鋼から部品工業まで満州に骨太の自動車工業を建設する。鮎川の計画は幾度も挫折し、自動車都市計画は都度、縮小された。片山の自動車都市計画も次第に瘦せ細り、貧弱なものになっていた。満州に実現した安東の自動車工場は、日本フォード、横浜の組立工場を移設したに過ぎなかった。日産自動車本体の移転も構想されたが、経営陣も商工省・軍部もこの計画に反対、鮎川は断念した。

「満州にはもう耐えられません、私を日本に戻してください、私は帰ります」

覚悟の上、上司の許可のない満州離脱。片山は満州自動車の東京支社に戻り、終戦の日を迎えた。

「彼は将来のニッサンに必要な人材」と、上司は目を瞑ってくれたのである。

終戦後、満州自動車の社員は横浜の「日本造船」に集まり、残務整理をしながら再出発に備えていた。

日米の太平洋戦争、戦場は大陸から南海の島々に移り、戦争の主役は飛行機と艦船に変わった。南太平洋・ソロモン沖の海戦、日本海軍を悩ませたものは、島影から突如現れ、奇襲攻撃する小型高速艇だった。ケネディ大統領が海軍士官として乗りくみ艇長だったPT109、あの魚雷艇である。

日本海軍の戦略と戦術は大艦巨砲主義、小型魚雷艇は陣容になく、急遽生産が決まった。専用エンジンを開発する時間がない、トラック用エンジンを転用し、二機搭載。

一番の難題は鉄材の不足だった。この会社で実際に造られたのは木製合板の魚雷艇、「震洋（しんよう）」。沖縄防衛・本土決戦の秘密兵器、舳先（へさき）に二五〇kgの炸薬（さくやく）を積み、敵空母に体当たり攻撃する特攻兵器だった。

昭和一八年一〇月二一日、雨の神宮外苑競技場。

祖国のため、校旗を先頭に雨の中を行進する出陣学徒達。夢を語り、胸を熱くすることもなく、夜の南の海原に散っていった。片山は、彼らの無念さに涙し、ひとつの思いに至った。

「彼らの思いを自分の思いとして継承（けいしょう）しよう」。

東京・日本橋のデパート「白木屋（しろきや）」、戦中・戦後のある時期、ニッサン（当時の社名、日産重工業）の本社がここにあった。このビルの管理会社が満州投資証券（三保幹太郎社長）。鮎川義介の日本における活動の本拠、田村町にあった日産コンツェルンの本社「日産館」が海軍軍令部に接収され、こ

ここに強制移住になったのだ。明日に夢がなく今日にのみ生きていた時代、片山は、戦災に焼け残ったこのビルの同じ三階の部屋から笑い声が聞こえていたことを覚えている。

「東京通信研究所」というこの会社には、理科教室のように作業台があり部品が並べられ、男七人と女性一人が、短波のラジオを作っていた。そして昭和二一年五月、「東京通信工業株式会社」と社名を変更。「自由闊達ニシテ愉快ナル理想工場ノ建設」を設立趣意書に掲げた、現在の社名がソニーである。

三保幹太郎は日本蓄音器の社長として、鮎川の電波工業、テレビジョン進出構想を担っていた。事業は人なり、将来必要となる優秀な人材の確保を忘れなかった。三保はテレビジョンの権威、早稲田大学理工学部、山本忠興教授門下の俊英で、神戸一中の後輩の、井深大に注目、戦時中の長野県須坂の疎開工場、日本測定器時代から支援を続けていた。戦後上京し、相談に訪れた井深に三保は事務所は白木屋を使うように言った。

鮎川の満州は槿花一朝の夢、露と消え後世に何にも残さなかった。しかし、幸福な偶然により戦後のある時期、ソニーの孵化器の役目を果たしていた。井深大と七人のメンバーは、ソニーの「根」であるこのビルの三階で、自由に世界の大空を羽ばたく「翼」を整えたのだ。

二　戦後の暗い夜空に輝いた一番星、ダットサン・スポーツ

自動車評論家の徳大寺有恒氏は『ぼくの日本自動車史』にこう書いている。

「ぼくがおやじからもらったダットサンで水戸近郊を彷徨していたころ、わが水戸の街にはダットサン・スポーツが一台だけあった。色はボディーがアメ色、フェンダーが黒というしゃれたツートーン。一九五二年に登場したダットサン・スポーツは、日本自動車史上スポーツと名乗った最初のクルマであった。こいつはとても重要なことだ。たとえ860ccのサイドバルブエンジンで、とことことしか走れないとしても、そのダットサン・スポーツが戦後の水戸の街を走っている姿というものは実に颯爽としていた。このクルマはぼくの中学校の近くにあり、ぼくは学校が終わるとかならずそこまで歩いていって、それを見てから帰ったものである」。

敗戦、日本人は自信を失い、今日を生きることに精一杯だった。そんな時代と世相の夜空に輝いた一番星、それがダットサン・スポーツだった。生みの親は、宣伝課長、片山豊。片山はどうしてもスポーツカーを作りたかった。話を上に持っていっても、反対されるに決まっている。正規に一車種を開発するには、昔も今も莫大な開発工数と開発費がかかる。第一、スポーツカーなど売れる時代では

なかったのだ。
「新車展示会の目玉、デモカーとして作ろう。ダットサンのシャシーを使えば、宣伝費の予算内で出来る。ボディーはワイド・フィールド・モータース、腕の良い太田祐一にやらせよう」。
「ダットサンで、英国風のスポーツカーを作ってくれ。早く走ることはいらない。乗る前から見るだけでワクワクするデザイン。軽快な走りが楽しめるクルマに仕上げてくれ」。こうして、MGスタイル、ダットサン・スポーツDC-3が完成した。
「ニッサン新車展示会」は戦後初の自動車ショウであり、片山の人脈がフル動員された。
昭和二七年七月一日から四日間に五万人の入場者、大成功だった。場所は、東京・港区虎ノ門、現在の日本石油本社ビルの建つ敷地。
読売ジャイアンツの水原監督、川上哲治、別所毅彦、青田昇のスター選手。歌手の藤山一郎、古川ロッパ、当代の人気役者も来賓として訪れた。会場の華、人気の中心は真紅のボディーの「ダットサン・スポーツ」だった。
「これなら値段が一〇〇万円を切れば売れますよ」販売担当の若手が気に入り、五〇台の限定生産が役員会議で承認されたのだ。二七年の夏に生まれたダットサン・スポーツ。戦後の街を颯爽と走る勇姿に、大人も子供も、胸を熱くさせたのである。

三 「東京でモーターショウをやろう」

昭和二九（一九五四）年の春、日本の首都・東京に新しい風が夢を運んで来た。映画、「ローマの休日」の封切り。女達は、白いブラウスと王女の短くカットした髪型に憧れ、男達は外国で働く新聞記者とローマの街を走るカブリオレに憧れた。そして、四月二〇日、日比谷公園で第一回「全日本自動車ショウ」が開幕、これは日本に自動車の時代が近くに来たことを告げるファンファーレだった。

片山はいくつもの夢をポケットに入れ大切に温めていた。この夢は一人では実現出来ない。六人の同業者、宣伝課長会議の根回しに走り回った。初会合は二六年一一月六日「六日会」の誕生である。メンバーは片山豊（日産）、山本直一（トヨタ自販）、小川恭（いすゞ）、高橋治男（日野）、徳山正男（民生ディーゼル）、城戸謙二（三菱ふそう）の六名。片山は夢を語り、それが六人の夢となり、一つの構想となった。

「国産車を宣伝しよう。東京でモーターショウをやろう」。宣伝はチンドン屋と、会社内の蔑視に耐えていた男達が奮い立ったのだ。いつの時代も改革には抵抗が激しかったが、通産省自動車課長の柿

坪精吾が「やろう。通産省が応援する」と話を聞いてくれ、六人の夢が実現したのは初会合から三年後の昭和二九年だった。

ショウの総裁は高松宮殿下、後援は通産省と運輸省。主催者は日本自動車工業会に小型車、部品、車体の各工業会。出品二五四社、車両二六七台と史上最大のショウとなった。

しかし、乗用車は一七台、オースチン（日産）、ヒルマン（いすゞ）、ルノー（日野）、外国との技術提携車にマスコミの取材が集中した。会場で最も人気を集めたのが、住之江製作所コーナーに展示された「フライング・フェザー」だった。

これはもう一つの片山豊の夢の結晶だった。若い男女は、サンルーフ付き、赤いキュートな小型車に、映画、「ローマの休日」のシーンを連想、胸を熱くし顔を見合わせた。

「住之江製作所」はシート地の織物会社だが、当時ダットサン・スリフトの車体も作っていた。GHQは日本の乗用車生産を禁止、二二年六月に、年三〇〇台が許可。二四年一〇月に制限解除となったが、月一〇〇台前後では、プレス機による量産は採算が取れない。従業員二五〇人、技術者一〇人の町工場の住之江。しかし、戦前の多摩川レース、ダットサンレーサーの車体設計の主務、天才エンジニアの「富谷龍一」と部下には、後にプリンス自動車に移り、御料車・ロイヤルの設計主査となる「増田忠」、美と技術を極限で調和させる、ものづくりの鬼才がいた。

195　七　片山豊

町工場とはいえ、住之江は天才と鬼才、傑出した二人の技術者を擁していたのだ。

戦前のニッサン、横浜工場の屋上で富谷と片山は、昼食を取っていた。「カモメが自由に空を飛ぶように、小さなエンジンで悠々と走るクルマが造れないか」と、片山は湘南中学三年生の時に、藤沢の駅前で見た光景を富谷に話した。車体は簀子のような台に草刈機のスミスモーターで走る「ブリックス」という五輪の軽自動車で、英国スタイルの紳士が、スポーツカーのようなエンジン音を立てて颯爽と走り去っていったのだ。

「出来るよ」。

富谷は片山の目の前でノートにさらさらスケッチを描きだした。

それから一五年が経ち、ダットサンの生産で住之江の経営は順調だった。

「あのクルマをモーターショウに出そう」。富谷氏によって作られた空冷V型、OHV、二〇〇cc、車両重量四〇〇kg、定員二名の軽量なクルマは「フライング・フェザー」と名付けられた。ショウの会場に、通産省の若手官僚も顔を出した。その一人が「川原晃」技官だった。

当時、西ドイツ経済に対する、奇跡の復興が報じられていた。原動力はフォルクス・ワーゲンの躍進。彼は政府の助成により、五〇〇cc程度の大衆性のある乗用車の構想を思案していた。

「本気で、真剣に取り組めば、日本でも大衆車は可能だ」。川原は、フライング・フェザーの前に立

196

ち止まった。翌昭和三〇年五月、日経新聞は通産省の「国民車構想」をスクープ。
「最高速一〇〇km以上、定員四人、リッター三〇km以上、三五〇～五〇〇cc、月産二〇〇〇台で工場原価一五万円、最終価格二五万円、試作車をテストし一車種を選定」というものだった。この構想は通産省自動車工業会の意見は、「二五万円の最終価格では、技術的に不可能」だった。
の「省議」にものらず、宙に消えていった。

しかし「駐留軍払い下げの大型車が、わがもの顔に日本の狭い道路を走り回っている、国民感情としては、何とも割り切れない」と国民の反響は大きかった。その時、「四人乗り、月産二〇〇〇台、一台三〇万円ならやれる」と国民車に名のりを上げたのが、あの「小松製作所」の中興の祖、河合良成社長だった。「西独の某社と設計試作中」、ポルシェと話が進んでいたのだ。河合は商工省出身、「帝人事件」の冤罪（えんざい）で苦節一〇年、政・財界に人脈が広い大物経営者である。自動車業界は一転騒然となり、「自由競争によるべき、政府が特定企業を助成するのは反対」「ヨソモノ」に独占させるわけにはいかないと腕をまくった。各社は水面下で猛然と動き出した。河合社長はこれを見て参入を断念する。

国民車構想、それは一社、一車種のみの認可。通産省一番の狙いは「過当競争の排除」にあった。
「もし、どこかに先手を打たれてしまえば、四輪進出の道は永久に閉ざされる」。真っ先に手を上げ

197　七　片山豊

たのが、二・三輪車メーカーの若武者達だった。

スバル三六〇、三菱五〇〇、マツダR三六〇、スズキフロンテ三六〇、ホンダN三六〇……。次々と先陣を争い真先に駆け出したのだ。

川原晃が懸念した、業界の過当競争体質。それも通産省の強烈なプレッシャーが生み出した大爆発であり、このエネルギーが、日本の自動車工業を世界レベルに飛躍させることとなった。トヨタは、明日の市場に先手必勝「クルマを国民大衆のものに」が創業者、豊田喜一郎の夢だった。大衆車の生命線は量産と量販、元町の新工場建設と大衆車販売店網の構築の布石を打っていく。

「国民車、それはダットサンの中古に乗れば良い」と、ニッサンは戦略面で三年、ライバルに遅れをとってしまった。片山と富谷の夢、フライング・フェザーは白いかもめ、夜空に飛び去っていった。フライング・フェザーは一〇年は時期尚早で、約一五〇台の生産に終わった。道路がまだ穴ぼこの時代、二〇〇cc、二五万円という価格。

ショウの開幕の準備が一段落した頃、まだ片山には大事な仕事が残っていた。

「英文呼称」の選定と「シンボル」の製作である。

英文は将来、パリ、ロンドン、ニューヨークのようにと夢を託し、「TOKYO MOTOR S

「HOW」に、国内呼称が「東京モーターショウ」に変更になったのは、一〇年後、昭和三九年のことだった。

エッフェル塔は一八八九年、フランス革命一〇〇年を記念するパリ万博、近代機械文明の象徴（シンボル）である。日本の自動車工業、若さと凛々しさ、技術の進歩と挑戦を象徴するものは何か。片山は「ギリシアの若者」のデザインを板持龍典画伯に依頼、自らモデル台の上に立った。近代文明と人類の叡智はこの地に生まれ、成長、発達、進化を繰り返し現代に至っているのだ。若者が廻す「車輪」は、前進と人間の意志による制御を意味している。

大規模な自動車ショウは、日本では初物、お客の入りが心配だった。六日会のメンバーは有楽町、新橋駅で呼び込み、チラシを手渡した。入場は無料、PR館を設け、講演会、写真コンクール、小学生図書コンクールも計画。会場に華（はな）やぎをと美女モデルを手配、時代はカメラブーム、大好評だった。入場者は五四万人、ショウは大成功に終わった。

この時ギリシアの若者と白い大きな車輪の彫像、巨大なシンボルを見つめる二人の男がいた。

「これなら、来年はおでましいただいても良いだろう」

宮内庁職員の兄は、東京・荻窪の自動車メーカーに勤める弟に話しかけた。翌、昭和三〇年、東京

199　七　片山豊

モーターショーの開幕日、皇太子殿下がご来場。

「日本で、自動車工業を育成しようとするのは無意味である、今は国際分業の時代なのだ。アメリカで安く良いクルマが出来るのだから、自動車はアメリカに依存すれば良いのではないか」という声は、もう誰からもどこからも聞かれなくなった。

「自動車は、日本の明日を担(にな)う工業のプリンス」。国産車が、「認知」されたのである。

翌、昭和三一年の経済白書は、「もはや戦後ではない。回復を通じての成長は終わった。今後の成長は近代化によって支えられる」。それは日本経済の新しい連隊旗手、自動車登場の宣言(ファンファーレ)だった。

四 オーストラリア・ラリーに挑戦する

日本におけるモータースポーツの普及を考えていた片山はある日、外国新聞の「オーストラリア・ラリー」の記事に目が留まった。トヨタ・クラウン、国産車が参加していたのだ。早速、トヨタ自販に問い合わせた所、快く対応してくれた。ラリーに参加した神之村邦夫から、撮影した映像を見せてもらい、説明を聞くことが出来た。

エリザベス女王の戴冠式、大英帝国の栄光と威信をかけて、エベレスト遠征隊の派遣と共に企画された記念事業。世界で最も過酷なラリーだった。オーストラリア大陸を、一九日間走り続けて一周す

る。走行距離が一万六〇〇〇km、砂漠と原野を一日平均九〇〇km、時速八〇kmで二二時間走る計算になる。

「悪路ならば、外国車と存分に戦える。完走出来れば宣伝効果も大きい。ダットサンを輸出するには、国際ラリーに参加し、性能向上を図るのが一番の近道」。片山は計画を稟議書にまとめた。開発部隊もサポートしてくれた、ダットサン二台、片山はチームの監督として参加する。ドライバーは、サービス部の三縄（みなわ）米吉、吉原工場の奥山一明、実験課から大家義胤と難波靖治の四名、労働組合が人選した命知らずの猛者（もさ）達だった。

一九五八年、オーストラリアは一五年ぶりの大雨。大平原を横切る道は、川のように泥水をかぶり、昼と夜の気温差は四〇度にもなった。現地で片山が驚いたのは、フォルクス・ワーゲンサポートチームの活動だった。ワークスのバンが先行して中継点に待っており、到着したラリー車は手際良くチェックされ、部品が交換されて、翌朝には新車同然に生まれ変わって走りはじめる、それは見事なチームワークだった。フォルクス・ワーゲンチームは、ダットサンチームに好意的だった。

「あそこで曲がれ、ここには近道がある」。スタート前に、詳細なメモを片山に渡してくれ、助言を惜しまなかった。

片山は、ダットサンの宣伝のために、NHKから一六皿のアイモ撮影機を借り受け、取材フィルム

を航空便で日本に届けた。その名も「富士号」と「さくら号」、ボディーに日の丸、鯉のぼりをなびかせ、オーストラリアの大地を走り回る日本の小型車、ダットサンの健気な勇姿に、朝のNHKニュース、テレビの前の日本人は夢中になり、熱い声援を送っていた。

ダットサンは一〇〇〇cc以下、Aクラスのカテゴリーだった。幸運だったのはフォルクス・ワーゲン、ルノーなどの有力チームが、Aクラスではなく、排気量の多いB、C、D、Eクラスだったこと。

「参加車輛六四台、完走三四台、ダットサンがAクラス優勝」。オーストラリア・ラリーのニュースが、ロイター電で日本に届くと国民は熱狂と興奮。Aクラスの四文字はいつしか、どこかに消え「ダットサン優勝」が一人歩きしていたのだ。

敗戦後、国民に、勇気と自信を回復させた第一のニュースは、一九四九年のロスアンゼルス、全米水泳選手権、四〇〇m、一五〇〇mの自由形、古橋廣之進の世界新記録。ついに「フジヤマの飛び魚」として世界水泳界の頂上に立ったことだった。

第二のニュースは同じ年、湯川秀樹博士のノーベル物理学賞。

スポーツ、学問に続き、経済産業の分野でもスターの誕生を、と期待が集まったが、メイド・イン・ジャパンは、「安かろう、悪かろう」が世界の相場、そんな時代が長く続いていた。「ダットサンの優勝」は、日本国民が待ち望んでいたニュースだった。

片山はニッサン販売店を回り優勝報告。どこでも熱狂的大歓迎、横断幕と人波で迎えられた。日本

を「敗戦国」という呪縛から解放し、国民に勇気と希望を与えた出来事だったに違いない。

「豊さん、よかったね、おめでとう。大きな海を渡って成功しましたね」
 片山の母は、片山が五歳の昔に、「この子は船舶とか鉄鋼、鉄関係の仕事に就かせなさい。その仕事で海を渡ることになり、海外で必ず成功する」との骨相師の見立てを伝えてくれた。母は自動車、鉄関係の仕事に就き、海を渡りオーストラリア・ラリーで優勝したことを喜んでくれたのだ。
 その後、すぐに母は亡くなり、後のアメリカでの片山の活躍を母は知らない。
 片山の父はこの時、王子製紙の工場長。慶応義塾を卒業、三井銀行に就職、京都支店勤務の時、支店長の妹だった母と結婚したのだった。梅渓子爵家のお姫様、姉と妹がいた。梅渓家は近衛、西園寺などの五摂家、清華家の家柄ではないが、参議クラスの堂上公卿。片山が自動車会社に入ったのは母の姉・「藤田文子」の関係、伯母の娘八重、その婿に入ったのが鮎川義介の弟・政輔である。鮎川が社長の戸畑鋳物は創業から数年、四〇万円の金策がつかず絶体絶命の危機に陥る。伯母の藤田文子は四〇万の増資を引き受け、戸畑鋳物の筆頭株主になった。
 その後、久原鉱業の経営危機の際にも、鮎川の頼みを即決、久原鉱業配当金・一五〇万円の提供を応諾、人生二度にわたり、鮎川は藤田文子に絶対絶命の危機を救われている。

五 「あなたが先に儲けて欲しい」

ドイツの自動車都市ウォルフスブルグは連合軍の空爆により瓦礫の山、廃墟と化していた。英軍の占領地域にあり工場は接収され、軍用車両の修理工場になっていた。

一九四五年、ドイツに返還の日が近づき、イギリス本国から専門家チームが調査に派遣されてきた。結論は「このクルマは英国の専門家を驚かせるものは何も持っていない。スタイルは古く、空冷エンジンはうるさいだけである。この工場を返還しても、英国の自動車工業には何の影響もないだろう。賠償物件には入れず、取り壊しもしない。返還すべきである」。

一九四八年、オペルの取締役会のメンバーだったハインリッヒ・ノルトホフがフォルクス・ワーゲン社長に就任。第一に彼が取り組んだことは、フォルクス・ワーゲンを分析（アナリシス）することだった。ハンドルを握り、アウトバーンや市街地を走らせた。

結論は「やはりポルシェは天才だ」という確信。この確信が西ドイツ経済、奇跡の復興を生み出していく。五〇年、ノルトホフは専門家を市場調査のためアメリカに派遣。彼は「アメリカ車は年々大型化している。フォルクス・ワーゲンは年間、八〇〇台以上は売れない」と報告。

ノルトホフは、即日彼を解雇、自らニューヨークに飛んだ。技術者を呼び寄せ、部品・サービスの

「ナチス、ヒットラーのクルマ」と言われないように、宣伝には慎重だった。

一九五四年、現地法人「アメリカフォルクス・ワーゲン社」設立。

一五地区に代理店、四〇〇の販売店、価格は東部一五〇〇ドル、西部一六〇〇ドル。

「フォルクス・ワーゲンは、六〇〇〇ドルの車で乗りつけた時と同じ応対をします」。五八年には一六の代理店、六三三〇の販売店、一〇〇〇余のサービスステーションを全米に完成した。

「フォルクス・ワーゲンは五人家族のクルマです。狭い場所でも駐車出来ます。五九年には一二万人のアメリカ人が〝小ささを考慮して〟フォルクス・ワーゲンを買いました」。威信の象徴だった大型車、人々は誰も「小型車」に見向きもしなかった時代。「スィンク・スモール」という新しい価値観を訴え市場を開拓、着実に実績を上げていた。

この頃片山は課長から業務部次長へと昇進。しかしこれは何の権限もないポスト、体良く、中二階に祭り上げられていた。ダットサンの優勝報告、留守の間に、宣伝課長の椅子には労働組合の教宣部長だった男が座っていた。労使の癒着、何かの饐えて腐ったような異臭が、職場の空気を汚染しはじめていた。社内の空気は酸欠状態になり、若者の言葉が職場から消えていた。

「しばらく、アメリカに行ってダットサンの市場調査をやっていなさい。まあとにかく、ちょっと行

ってこいよ」。職場を追い出された格好だったが、毎日が耐え切れなくなっていた片山には渡りに舟だった。

片山がロスの埠頭で最初に見た印象は強烈だった。タイヤは割れ、内張りが破れたオースチン、トライアンフ、ルノー、フィアット……。それらが見渡す限り累々と並ぶ光景だった。外国製、もの珍しさだけではクルマは売れない時代になっていたのだ。

「商社・代理店任せの商売の結果はこうなる、市場調査をやるまでもない」。片山は、アメリカでやるべきことをロスの埠頭で確信していた。

「黄金の一九六〇年代」、アメリカが史上最強の時代、何もが輝いていた。大統領がジョン・F・ケネディ、GM、フォード、クライスラーのビッグスリーは百獣の王だった。ライオンの尾のひと振りで、市場の一〇％に急増していた欧州車の販売は激減、在庫の山になっていたのだ。

GMのコルベア、フォードのファルコン、クライスラーのバリアントの登場だった。唯一の例外がフォルクス・ワーゲン。「かぶと虫キラー」として登場したコンパクトカーの攻勢を物ともせず、逆に一九六〇年一六万台、以降一八万、二四万、三〇万と年々売上げを伸ばし、輸入車の七〇％を占める「不動の王者」になっていた。フォルクス・ワーゲンは何も特別なことをやっているのではない。これは商売の「王道」、地道な努力の積み重ねの結果なのだ。これなら自分達にもやってやれないこ

とはない。
「商社なんかに頼っていてはダメだ。自分達の会社を作り、自分達の手と足でダットサンを売ろう」。
片山は決意を固め、第一に実行したのはオフィスの移転、ロスのダウンタウンの一等地、モービルビル八階を引き払い、港との中間地点、「ガーデナ」に平屋、一〇〇坪の事務所と倉庫を借りた。
「自動車を売るには二階にいて話しかけてはいけない。下に降りていって、お客様と同じ目線に立つことをいつも第一に心がけなさい」。新入社員の頃に聞いた日本の自動車販売の大先輩、「石澤愛三」さんの教えを実行したのだ。
米国東部は三菱商事、西部は丸紅飯田への委託販売を取りやめ、ロスアンゼルスに現地法人の設立を本社に提案、これは三ヵ月の短期間で意外にもすんなりと承認された。
一九六〇年、「米国日産自動車」が設立され、ここがニッサンの拠点となり、アメリカの根（ルーツ）となった。市場調査に派遣された男が、販売第一線の指揮官に変身していた。フォルクス・ワーゲンというお手本があるとはいえ、ダットサン独自の販売とサービス網を築くことは、至難の業だった。
一歩一歩、しかし、いつまでニッサンの資金力が続くだろうか。
「ダットサン三一〇」は、日本ではブルーバード、愛称が「柿の種」、憧れのマイカー。しかしフリーウェイでは流れに乗れず、馬力も出ない、坂道ではブレーキに不安があった。悪路の走行を前提にして作られた日本車、性能は国際水準に一〇年は遅れていた。

販売店(ディーラー)を探すことが、毎日の仕事になった。中心街にある輸入車の販売店は全くの無駄足だった。店主は小型車には見向きもせず、会ってもくれなかった。片山はダットサンを自ら運転し、中古車店に行商に歩く。郊外にはトレーラーハウスを住居と店舗にし、ハングリーながらもクルマに詳しく向上意欲の旺盛な男達が、そこにはいた。彼らを儲けさせることが商売の鍵だ、彼らの意欲に賭けてみよう。

「ダットサンを売ってほしい、あなたが先に儲けて欲しい、あなた方が豊かになれば、私はその後で儲けることが出来る」

「何ということを言うのか、アメリカの自動車会社はそんなことは言わない」と彼らは驚いた。

その日から郊外の中古車店訪問が片山の日課となった。片山は、細い一筋の獣道(けものみち)を見つけていた。一台売れると、不思議に次の一台も売れていった。ライバルメーカーが米国から撤退してゆく中、経営を支えたのは「ダットサンの小型ピックアップ」だった。農家の人達は果樹園の集荷に、石油会社では井戸の見廻りに、リタイヤした老人達はハンティング、キャンプ、川釣りのレジャーに使い、若者達は通学やデートにと用途を広げてくれた。故障せず、修理費がかからず、燃費も良い。この評判から乗用車も売れ出したのだ。ニッサン本社も、米国側の要求を真摯(しんし)に聞いてくれた。片山の要求のひとつ一つに、彼の考えと対策を書類にし、すぐに返事を送ってくれ、原禎一設計部長は、ダットサ

ンの性能は急速に向上していった。

一九六〇年の渡米、そして米国ニッサンの創設、経営が黒字になったのは四年目からだった。

功労第一の男の名は「レイ・ホーエン」。六〇年一〇月の「ロスアンゼルス自動車ショウ」でのこと。一人の男が六尺（一八二㎝）の巨体をダットサン三一〇のシートに押し込もうとゴソゴソと苦労していた。片山が巨体を押し込み、手伝ったことが二人の出会いになった。

「ルノーでクルマを売っているが、実は今、トヨタにアプライしている。どうも、こっちのクルマの方がおもしろそうだ。トヨタには大勢のアメリカ人が働いている、お前の方はどうか」

「お前が来てくれれば、お前一人だ。私の下で働いてくれないか」

彼はルノーの総支配人、セールス・マネージャー。クライスラーと英国BMCの販売経験も積み、業界に広い人脈もあった。

片山　豊　　月額　六五〇ドル

レイ・ホーエン　月額　九〇〇ドル

片山は、自分以上の高給を以って彼を処遇することを決断した。彼の給与に本社からクレームがついたが、「インセンティブは私の責任」と片山は押し切った。

期待に違（たが）わず、レイは仕事の出来る男だった。

「クルマの販売は顧客に売った時点で終わるのではない、それは販売のはじまりであり、クルマが走っている限りサービスする責任がある」。二人は販売の理念を確認しあった。

 一九六三年に「ダットサン四一〇」がデビュー。
「今に見ても素敵なデザインだ。日本では尻がさがってアヒルが歩いていると酷評されたが、欧米では評判は良く、デンマーク、スカンジナビアの美しい自然にあのデザインは良く調和していた。優雅で動的（ダイナミック）な線と端正な曲面が美しいデザイン。この四一〇は当代、世界一のカーデザイナー、ピニンファリーナの作品であり、彼の名を前面に出すべきだった。日本国内での不評、これは販売戦略の失敗なのだ」と片山は述懐する。
 ダットサン四一〇はモノコックボディーにより軽量化、高速性能が向上した。ただ、アメリカではコンパクトカーでも、二〇〇〇cc～三〇〇〇ccはある。ダットサン四一〇は一三〇〇ccとパワー不足だった。「一六〇〇ccエンジンを追加して欲しい」と本社と交渉を重ねた結果、北米仕様一六〇〇ccエンジンが設定された。キビキビとした軽快な走り、人気が一段と急上昇した。
 この年、ダットサンは日本車で初めて「輸入車ベストテン」第六位に入った。米国ニッサンは設立四年、セダンとピックアップを両輪とし、自動車の本場アメリカの大地に確固たる「根」（ルーツ）をおろし、アメリカの大空を自由に飛翔する「翼」（ウィングス）を整えたのだ。

昭和三七（一九六二）年一一月二三日、川又社長が池田内閣、政府の「最高輸出会議」で表彰され、藍綬褒章を受章した。ニッサンでは紅白の餅一升が全従業員に配られた。ホテル・オークラで政界・財界・官僚のトップ、著名人、一八〇〇人を招待しての大パーティー。

川又はニッサンの大争議に勝利した経営者、「日経連のエース」から、今やニッサンは輸出貢献のナンバーワン、「経団連の顔」になったのだ。鉄鋼、電力、重電、銀行の四天王と同格、自動車産業の代表、そのお披露目の日だったのである。

翌、三八年一一月、輸出担当取締役、石原俊は常務取締役に昇格した。ジャーナリズムは「石原俊は、米国日産社長としてアメリカ市場の開拓を陣頭指揮、輝かしい抜群の実績をあげた」と囃し立てた。確かに石原は米国ニッサンの社長、しかし彼は日本在勤、ニッサン本社にいたのである。アメリカの最前線にいた片山は、紅白の餅もホテル・オークラのパーティーも何も知らなかった。

六　「ミスターK」がアメリカに残したもの

渡米五年目、片山は米国ニッサンの社長になった。一〇名でスタートしたスタッフもダットサンの販売に働く人は一二〇〇人に増え、販売とサービス体制が整った。全米に一〇の部品デポを配置、一

デポが一〇〇の販売店を受け持つ。ユーザーの要求に、三六時間以内のサービス体制が完成した。一二〇〇のディーラー網、販売店の人達は、彼を「ミスターK」と呼び、フォルクス・ワーゲンを目標にこれまで努力し、頂上に至るファースト・ネーム」で呼びかけた。先輩、フォルクス・ワーゲンを目標にこれまで努力し、頂上に至る登攀ルートを確保したのである。体制は出来た、後は「クルマ」だけだった。

一九六七年に「ダットサン五一〇」が登場する。

「これは美しいクルマだ。世界水準に達したクルマだ。ディスクブレーキ、インディペンデントサス、オーバーヘッド・カムシャフト、彼らの欲しいものは全て入っている。何ひとつのムダがない」。このクルマに「言葉」は不要と片山は思った。テレビコマーシャルは、風光明媚なビッグ・サーの山道、暗い嵐の夜に美しい少女が運転するダットサン五一〇、激しい雨を払うワイパーの音、ビバルディ「春」の響きが静かに映像に流れる。山道のカーブで前を走るベンツを抜き去っていく。心に残る印象的なフィルム、片山の自信作だった。

「自動車というのは、そのオーナーの輝かしい業績を無言のうちに証明する紹介状でなければならない」と詩人・コピーライターのテッド・マクナマスは語る。多民族社会のアメリカ、クルマは「自己紹介状」だった 地位が上がり収入が増えると、人々は競って大きなクルマに買い換えた。都市の若者達の中に新しい価値観が生まれていた。しかし、小型車はスタイルも性能も時代に遅れ、

唯一例外がBMW一六〇〇であるが、但し五〇〇〇ドル、若者達に手の届く価格帯ではなかった。

小型で高性能なセダン、端正なスタイルとスポーツカー並みの走り。ダットサン五一〇は、アメリカの若者達の「夢」にジャスト・フィットした初めてのクルマだった。豊かなアメリカ、しかし貧しい人々も多かった。彼らは大型車の「中古」に乗っていた。故障の修理、ガソリン代の支払い、維持費が大変だった。それに比べて一八〇〇ドルと手の届く価格帯、燃費が安く、丈夫で故障もしない。

ダットサン五一〇は貧しい人達の「夢」にも応えたクルマだった。

「五一〇は悲劇のクルマだった」と言う人もいる。新機軸を満載したため、日本での発売当初は初期トラブルに悩まされ、評価は低かったが、一〇年後「あれは名車だった」と認知されたクルマ。日本のユーザーは、見た目に豪華なたくさんの付属品と白いタイヤの付いたライバル車を選んだ。販売店とニッサン本社の幹部達も同じレベルだった。

そして原禎一は設計部門を去った。

「大変なマイナスだ。彼はニッサンの至宝とも言うべきエンジニアなのに」と片山はこの人事を怒り、嘆き悲しんだ。ダットサン五一〇は、市場調査の結果だけで生まれたクルマではなかった。

フォルクス・ワーゲン・ビートルがフェルディナント・ポルシェの、オースチン・ミニがアレキシス・イシゴニスの、そしてダットサン五一〇は、設計部長、原禎一の美学と叡智（えいち）から生まれた

213　七　片山豊

「時代の名車(エクセレント・カー)」だった。

「五一〇はケニア、赤褐色の大地に実に良く似合うクルマだった」。サファリを幾度も現地に取材した桂木洋二氏は言う。サファリ・ラリーは、父、国王ジョージ六世の逝去(せいきょ)の知らせを受けたエリザベス二世が、女王として初めての朝を迎えたこのケニアで、一九五三年に第一回が開催された。ラリーの世界最高峰、過去には、フォルクス・ワーゲン、ベンツ、プジョー、フォード、ボルボが栄冠に輝いていた。ダットサン五一〇は一九七〇年、日本車初の「総合優勝」、クラス優勝、二年連続のチーム優勝。三冠制覇の偉業を達成、テレビのコマーシャルは「ラリーのニッサン」が宣伝の文句になった。

五一〇の売れ行きは好調だった。販売店からの注文に応えるにも、日本からの出荷台数は増えず、「タマさえあれば」と、片山は悔しがった。その頃、片山のオフィスにフォルクス・ワーゲンディーラーから、日に何通ものレターが届いていた。

「ダットサンの販売店に変わりたい」という申し込みだった。日本からの台数は増えず、残念ながら片山は断り続けた。

T型フォードの記録、一五〇〇万七〇三三台を抜き、三〇年間、累計生産、二一五二万九四六四台

の不滅の世界記録を持つフォルクス・ワーゲン。そのビートルに、選手交代を迫ったのはダットサン五一〇だった。

「今世に出しても少しも古くない。ニッサンの歴史と伝統がにじみ出たセダン。ピカピカに磨き上げて欲しかったクルマだった」と片山は言う。

爾来(じらい)、ニッサンの設計は担当主査が変わるごとに、右に左にダッチロールを繰り返す、ある時は「線」、次は「面」にと、経営者も原の後輩達も、大切な何かを見失っていた。

片山は帰国すると顔見知りの若手デザイナーの「松尾良彦」に

「日本人の技術とセンスで世界に通用するスポーツカーを作ってみないか。遠い彼方から風を切りかけつけ、颯爽と走り去るイメージ。ロングノーズ・ショートデッキ、ムダのないシャープなスタイル。そして何よりも後姿が美しくなければならないのだ」と夢を語った。

松尾のデザインは斬新、かつ日本の伝統美、曲線の美しさがあった。片山は、いつか母から聞いた「貴(あて)はか」という言葉を想った。伊勢物語の十六段(だん)、紀有常(きのありつね)の洗練された言語と行動の美しさ、京都に都を移した平安の初期、初々しく凛(りん)とした青年貴族の美意識が、そこに表現されていた。どんなに顔が綺麗でも、「スタイル」が良くなくては、美人とはいえない。このクルマは基本骨格(全体バランス)が秀逸なのである。

これは原禎一設計部長が一番苦心をし、その叡智をふり絞ったところで、技術用語でいうと、重量を出来るだけ中央へ集め、モーメント・オブ・イナーシャ（慣性能率）を小さくしたためである。

これにより、貴はかな美しさのスポーツカー、「ダットサン二四〇Z」が一九六九年、世に登場し、世界中をアッと驚かすことが出来たのである。

当時のジャガーEタイプは一万ドル。対する二四〇Zは三六〇〇ドル。ライバル達は、二四〇Zを「プアマンズ（貧乏人の）ジャガー」と蔑んだ。あのT型フォードはライバルから「ティン（ブリキの、安物の）リズ」と悪口の的にされたが、逆にアメリカ人はこの名を誇りにしたのである。T型フォードは、貴族と富豪の専有物「自動車」を、安価にし、広く大衆に提供した。

ダットサン二四〇Zは、金持ちと男の専有物「スポーツカー」を、女性にも解放した。それまでのスポーツカーは、山野で荒馬に乗る装備と体力が必要だった。二四〇Zの軽快な走りと、クローズド・ボディの快適な車内空間。女性達は「駿馬」に乗って、通勤や買い物に、時には野山に、颯爽と駆け出したのだ。

一九七一年のサファリ・ラリー、二四〇Zは前年のダットサン五一〇に次いで総合優勝に輝いた。

七二年には、二四〇Zが総合優勝、五一〇が総合第二位。まさに、ライオンとチーターのようにケニアの大地を駆け廻った。ビッグレースに限らず、片山は販売店を奨励し、地域の「草レース」を開催させ、モータースポーツの普及に情熱を傾けていた。二四〇Zは、二〇〇〇台／月の計画が六〇〇〇台も飛ぶように売れ、各ディーラーはたくさんのバックオーダーを抱えていた。スポーツカーがこんなに売れたのは前代未聞のことだった、それまで「スポーツカーは会社の宣伝、イメージアップにはなるが儲（もう）からない」が本社幹部の共通認識だったのだ。

二四〇Zはニッサンの商品計画にはなく、片山の「夢」から生まれたクルマ。米国市場専用に開発されたクルマだった。

自動車の歴史に「ビフォア（前）Z、アフター（後）Z」のフレーズが生まれた。

ダットサン二四〇Zは、スポーツカーの世界を一変させたのだ。MG、トライアンフ、オースチンヒーレーは姿を消し、ジャガー、ポルシェ、アルファ・ロメオにも大打撃を与えたのだった。

「若い頃に憧れた名車を市場から駆逐（くちく）したから」と二四〇Zに「辛口（からくち）」の評価をする自動車評論家がいるが、片山は「クルマを売っても、サービス体制が無ければ、Zの登場に関係なくそれらのクルマは姿を消す運命にあった。ハイウェイ安全基準が強化され、オープンタイプの保険料が大幅に引き上げられたことも大打撃になったのだ」と語る。英国のメーカーも、市場の変化に対応し、「クローズ

ドタイプ」を開発すれば良かったのかもしれない。

アメリカにも「一九二五年」に同じ様な事例があった。アルフレッド・スローンは『GMと共に』の中で、それは「技術革新」だった、と説明している。クローズドタイプは一九二五年には四三%だったが、一九二七年には八五%に達していた。GMは、技術革新の成果をいち早く取り入れ、「シボレー」と「ポンティアック」をクローズドタイプにし、オープンタイプが基本だった「T型フォード」を上と下から挟撃（はさみうち）にし、一夜にして時代遅れのクルマにしてしまったのである。ユーザーはオープンタイプから、どんな天候にも快適なカーライフを楽しめるクローズドタイプを選択した。五〇年後、スポーツカーの世界でも同じことが起きたのである。

イギリスからドイツ、アメリカへとトップランナーが代わり、そして六〇年代後半から、世界最高の鉄を作り、技術革新をリードしてきたのは日本の鉄鋼メーカーだった。高張力（こうちょうりょく）鋼板、防錆（ぼうせい）鋼板、制振（せいしん）鋼板と、美しい曲面が成形出来、薄くて軽く強い、しかも価格が安い「薄（うす）鋼板」の技術を開発し、次々と製品化していたのである。悪者は「Z」ではない。MG、トライアンフ、オースチンヒーレーを駆逐したのは、日本の鉄鋼メーカーであり、その世界一の技術開発力だった。

二四〇Zの登場によって、ダットサンは本場アメリカでも子供達も知るブランドになっていた。

ダットサン510／Datsun 510
1967年にダットサン510として米国市場にデビュー。OHC 1600cc 100馬力エンジンを搭載、四輪独立懸架の高性能スポーツ・セダンとも呼べるダットサン510は、たちまち輸入車の3位を占め、1975年には打倒フォルクス・ワーゲンを果たした。

ダットサン240Z／Datsun 240Z
1969年10月、米国日産待望のクローズドボディ・スポーツカー、ダットサン240Zが発表された。SOHC 2400cc 直列6気筒 150馬力エンジンを搭載し、最高速度200km/hで、ロングノーズ・ショートデッキのスポーティなスタイルは、多くのファンを惹きつけた。

カメラの「ニコン」、テレビの「ソニー」、オートバイの「ホンダ」、自動車の「ダットサン」。日本の工業製品の代表、世界の市場を開拓した四人の連隊旗手だった。

「メイド・イン・ジャパン」は、小型で高性能、美しく機能的、ムダのないデザイン、手頃な価格帯、日本人のクラフトマンシップ、信頼性の高い品質、充実したサービス体制。

日本の工業製品は世界の一級品、若者達の憧れの的になっていた。

日本の片山に、春と秋、「凧揚げ大会」の案内が届く。

これは、米国ニッサン本社ビル、落成の記念行事で、一九七二年から今に続いている。凧を揚げ、無心に家族と一日を過ごす、各国のお国自慢も楽しい。中国の凧は、自然界、鳥やトンボの形のままに、空を飛び鳴き声を響かせる。姿、形と絵柄のそれぞれに、国の文化や伝統の表情があり、面白いのだ。片山はクルマのトランクにいつも凧を入れている。いい空間があればクルマを止める。そして、空を見上げる。凧揚げの秘訣は「雲」と友達になること。雲は形と動きで、風と気流のありかを教えてくれる。雲と仲良くなると、大空のハイウェイとクルマの流れが目に見えてくる。

それはビジネスでも同じこと、「上昇気流」をつかむコツである。

今から三〇年の昔、ロスの本社に雑誌「タイム」の広告部長、ジョン・マリーンが一人の日本人を

連れ訪ねてきた。ジョンは、二四〇Zを真先に買ってくれたダットサンの大ファン。片山は一目見てジョンが連れてきた青年が好きになった。青年の父は、安藤百福、類まれな着想力で世界の食文化に革命をもたらした日清食品社長だった。彼の頼みを即OKし、完成したばかりの試作第一号の「カップヌードル」の自販機を本社の一階、エントランスホールに置いた。

全米各地から集まるダットサンファミリーが試食し「とてもうまい（ベリーナイス）、おいしい（デリシャス）」を連発、大人気になった。まさに彼にとって、片山は気流のありかを教えてくれる大きな雲だった。二四〇Zの人気とダットサンファミリーのネットワーク、カップヌードルはロスからフリーウェイに乗ってロッキーを越え、東に、北と南にと全米に販路を広げていったのである。

一九七七年、ニッサン本社では石原俊が社長に就任。片山は在米一七年、アメリカを離れることになった。一九五八年に、ニッサンの対米輸出がスタート、計画が五〇〇台、販売実績は八三台だった。片山が渡米した一九六〇年は一六〇〇台、それが一七年後には、販売台数は四八万八二一七台と三〇〇倍に増大させていた。

販売実績の他に、片山がアメリカに残したものが三つある。第一にたくさんの「百万長者（ミリオネア）」。郊外のトレーラーハウスを店舗と住居にし、中古車を売っていたハングリーだった人達。ダットサンの躍進と共に、例外なく大きな店舗を経営する成功者、大富豪に

なっていたのだ。

「ディーラーの皆さん、あなた方が先に儲けてください。そうすれば私達も儲かるのです」。ミスターKの言葉に嘘はなかった。彼らは成功し、アメリカン・ドリームを実現した。彼らにとって、片山は「上昇気流」そのものだった。

第二には、ダットサンを愛する人達の「ファンクラブ」。特に、ダットサン二四〇Zのファンクラブのメンバーは熱狂的だった。各都市に「Zカークラブ」が結成され、活動はどこも活発、全米に六〇支部、ヨーロッパに二〇支部、六〇〇〇人のメンバーが世界に広がり、互いに連携を取り、活発に活動している。

第三は「言葉」と「記憶」である。

「Love car, Love people, Love life」。日本人が長嶋茂雄を「ミスター」と呼ぶように、ロスの市民は「ミスターK」の愛称で片山を呼ぶ。ミスターKは販売店のパーティーで、いつもこの言葉を口にし、人々に語りかけた。

北大のキャンパスで、私はある伝説を聞いたことがある。

クラーク博士は「少年よ大志を抱け」の後に、「like this old man（この老人のように）」と続けられた、という。人生五〇年の時代。博士は当時、五〇才、南北戦争時の北軍大佐、退役しマサチュー

セッツ農科大学の学長だった。老後の安楽な生活を棄て、日本政府の要請を受けて札幌農学校の教頭として来日、新しい辺境に、開拓者として挑戦する道を選んだ。偶然、片山が米国市場の開拓に挑戦したのもクラーク博士と同じ五〇才であった。

七　ニッサンの国内販売不振の原因

一九六〇、七〇年代、自動車の本場アメリカで通用する高速道路時代のクルマづくり、そして輸出による量産とコストダウンが日本メーカー各社の最大の急務だった。最大の輸出市場、米国ニッサン社長の片山は大きな役割と期待を背負っていた。そして片山は、クルマに乗る前から自動車を愛する人達に、ワクワクする楽しさを、ハンドルを握ってからは、駿馬に乗り、野山を駆けるような興奮と感動の「記憶」を残した。

在米一七年、片山は「Love Car, Love People, Love Life（クルマを愛し、人を愛し、人生を愛す）」の言葉を残し、アメリカを離れた。

真に偉大な男、伝説上の男とは、それは彼の地に、言葉と記憶を残した人なのかもしれない。

「帰国後の片山さんを冷遇しているとマスコミは騒ぐが、そうではない。第一に、輸出が発展途上の

時期、アメリカに一七年間も駐在。現地法人のトップを一二年間、本社の制約をあまり受けずに、自由に腕をふるい業績を上げたのだから、これはサラリーマンとしては恵まれた方で、六七才、第二の人生として日放の業績は悪いポストではない」。

あるニッサンの役員OBは私にこう語った。現地法人の社長といえども、本社では部長クラスのポスト、第二の人生は子会社の役員が至当。これがニッサンの常識だった。

「冷遇」と感じたのはアメリカ人に多かった。後任にニッサン本社の常務取締役が赴任したのだ。ピュリッツァー賞作家、デビット・ハルバースタムが、『覇者の驕り』（自動車、男達の産業史）の取材に来日、片山を訪ね、開口一番、「何故、あなたはこんなところにいるのか」。

日本に戻った翌年、一九七八年のことである。三菱商事、三井物産、ソニー、ホンダ、キヤノン、ブリヂストン……。アメリカで名前が知られ活躍した現地法人のトップは本社に戻って、経営の次期トップか、少なくとも取締役会のメンバーになると思っていたのだ。

日放はニッサンの宣伝の子会社、ニッサン本社の部長クラスが役員として出向する。オフィスはニッサン本社の裏側にある七階建ビル。会長職は、片山の処遇のために新設されたポスト、ビルもオフィスも小さかったのである。

ハルバースタムは、『覇者の驕り』にこう書いている。

「類まれな洞察力を持った彼は、小さく無能だった日本の企業をエキサイティングな会社に仕立て上げ、その会社が生み出し得る最高のクルマをつくり出すよう激しく戦った。今、日産が必要としているのは、そんなもう一人の男だ。ユタカ・カタヤマ、あなたはどこへ行ってしまったのか」。

片山が舞台から姿を消し、その後、アメリカ市場でも日本でも、ニッサンは昔日の栄光を失っていたからである。

八 「ダットサン・ブランド」を消し去ったのは

片山が帰国してから今日まで三〇余年になる。そのうちの二〇年は逆境の日々、ミスターKは愚痴を口にしない。しかし、ニッサンは下降気流の中、あえぎ、もがき苦しんでいた。ダットサン五一〇、二四〇Zを最後に、魅力ある商品が生まれなくなっていた。国内販売の占有率(シェア)は、石原社長就任の七七年の三〇・一%から、五年後には二八・二%、一〇年後には二三・五%と低下の一途だった。

一九八一年七月、ニッサン本社は「ダットサン」を廃し、輸出ブランドを「ニッサン」に統一した。

片山が入社した一九三五年四月、ニッサンの横浜工場、オフラインしたダットサン一号車の誕生を

目にし、その日の感激を、彼は生涯忘れたことはなかった。

先輩から受け継ぎ、世界的ブランドに育て上げてきたダットサン、その名が、彼の米国ニッサン退任の後を追うように、市場から消し去られたことが無念でならなかった。

「ブランド」、それは会社の「顔」であり、先輩から受け継いだ大切な「継承物」である。経営活動の第一は、ブランドの維持、向上を図ることである。ブランドはメーカーだけのものではない。ブランドは、販売店のものでもあり、それ以上に、信頼し、愛用しているユーザーのものなのだ。「ダットサン」は、ニッサンの歴史そのもの、それは日本自動車工業の歴史でもある。

私達の父祖が、初めて乗り、最初に所有したクルマは、アメリカでは「T型フォード」、イギリスは「オースチンセブン」、ドイツは「フォルクス・ワーゲン・ビートル」、フランスは「ルノー4CV」、イタリアなら「フィアット500」だろう、日本では「ダットサン」になる。それは世界自動車史の第一ページでもある。

自動車の名門企業には、創業者の名を、ブランド名にしたものが多い。

「会社を語ることは、会社の歴史を語ることであり、それは創業者を語ることである」。ブランドは、創業者の思想と哲学、理想と理念をメッセージとして今に伝えている。

創業者の名前と同じく、またはそれ以上に大切にされているブランドがある。「キャデラック」と「リンカーン」、「メルセデス」。デトロイトの親父（おやじ）と呼ばれたヘンリー・リーランド。彼は自分の創立し

たった二つの自動車会社に、尊敬する二人の偉人の名をつけた。デトロイトを発見したフランス人探検家「キャデラック」と、南北戦争に勝利した大統領「リンカーン」である。

二つの会社はGMとフォードに合併されたが、その名は最高級ブランド車として今に残っている。おそらく、それは今後も変わらないであろう。自動車を愛し、自動車の歴史をも愛するアメリカ人は、キャデラックとリンカーンという名を愛し、その名を会社名とした白髯(はくぜん)の老人をも愛しているからである。

一九〇一年、新型三五馬力のダイムラー車に、欧州販売総代理店の有力者、オーストリア貴族の娘、メルセデス・イエリネック、一〇才の名がつけられた。「メルセデス」は優雅、典麗なスタイルにふさわしい美しい響きと気品のある名前、世界の最高級車として、ユーザーに今も愛されている。

ダットサンの祖父、橋本増治郎は友人から、

「メルセデスはラテン語でうさぎ、DAT(脱兎)号はメルセデスを意識してつけたのですか」と問われ、「それは初耳、全く知らなんだ。博覧会出品に際し三人の恩人、支援者の頭(かしら)文字を組み合わせ名づけたのです。しかし自動車の事業は脱兎(だっと)の如くとは参りませんでした」と答えた。

D＝田健治郎、A＝青山禄郎、T＝竹内明太郎は投資家でも銀行家でもない。

「自動車は工業としては成り立たない」。誰もがそう思っていた時代から、三人は支援と声援を続けていた。

227　七　片山豊

ダットサンは、明治の男達のロマンを今に伝えている。

今日、日本の自動車は世界有数の生産高を誇っている。この巨大産業は、決して一朝一夕に忽然と世に現れたものではない。今日の繁栄は、経営者と従業員の努力のみで成り立っているのではないのだ。一八世紀、イギリスに産業革命が起こり、資本家と労働者、二つの言葉が生まれた。資本家とは「株主」のこと、ダットサンは三人の株主の頭文字。資本主義の歴史の中で、唯一無二の例に違いない。

ブランド変更に要した費用は、四〇〇億円とも一桁上とも言われている。

北米と南米、ヨーロッパにアフリカ大陸、中近東、アジア全域にオーストラリア、日本を除く、全世界の販売店網とユーザーへの周知が対象となる。それにこれはテレビ・新聞広告による周知活動に要した「経費」。目に見えない「損失」、例えばユーザーの信用失墜、販売活動の混乱、社員のモラルダウンなどは勘定に入ってはいない。

その後のニッサンの長期低迷を考えると、経費と損失の比率は、一対一以上だったに違いない。ブランドを守るため、巨額の費用と人材を投入、企業は日夜営々と努力しているのに、なぜニッサンは人々に親しまれ、ユーザーに愛されている「ダットサン」を放棄したのであろうか。

石原俊は『私と日産自動車』（日経新聞「私の履歴書」から転載）にこう書いている。

「五六年七月に決めた輸出ブランドの「ニッサン」への統一は、その前にロンドンで開いた外債発行

ダットサンは知っていても、それが日産のクルマだとは知らなかったのだ。

の説明会がきっかけだったと思った。『日産という会社はどんな自動車を作っているのか』という質問を受け、これはいけないと思った。

片山は、これは非公式の風説だが、と前置きして真相を語る。

「初めてイギリスのサッチャー首相と石原が会った時、彼女が石原にこう尋ねたという。

『あなたのニッサンという会社は、どんなクルマを造っているのですか』

『そうですか、ダットサンを造っているのですか』

その瞬間、石原は驚愕したという。サッチャー首相までもニッサンの名を知らない。日産自動車の社長と会っているのに、ダットサンは別の会社だと思っている。

イギリス人というのはジョークが好きだし、どうもそれはサッチャー一流のジョークを真に受け、通訳が直訳したためではないのか。サッチャー首相はユーモアとして石原をからかったに過ぎないと思う。どこの国であれ、首相が初対面の重要人物と会う場合、事前に周到なブリーフィング、事前説明を受ける。ましてや、この会談はサッチャー首相の要請によるもの。イギリス経済の再建の目玉として、ニッサンのイギリス誘致は政権の前途をも左右する重要事項でもあったからである。ニッサンとダットサンの区別くらい、当然承知の上の軽いジャブだったのである。しかし、石原はそうは受け

229 七 片山豊

取れなかったのだ」と。

九　ミスターK、自動車の殿堂に入る

逆境の二〇年が経過し、片山にフォローの風が吹きはじめていた。

「キース・クレイン」、オートモーティブ・ニュースの発行者兼編集主幹。アメリカ自動車産業を代表するオピニオンリーダーである。

『アメリカ自動車一〇〇年』(一九九三・九・二一) 記念号の主旨。

「今から一〇〇年前、一台の原型(プロトタイプ)が誕生、この機械(マシーン)が世界を変え、今もアメリカを変えている。

私達は、その衝撃(インパクト)の大きさを知らない、もし自動車がなければ、私達の暮らしも社会生活も、異なるものになっていたに違いない。この機械が工業を創(つく)り、自動車に係(かか)わる人と企業を育(はぐく)んできたのだ。

失意に沈み、夢破れた人達もいる。それらの全てが、アメリカ自動車の歴史なのである。そこには情熱(パッション)が満ち満ちていた。先人達の熱い思いが自動車を偉大たらしめたのだ。

"アメリカ自動車の一〇〇年" 私は今再び彼らの情熱を蘇(よみ)がえらせ、心からの敬意を捧げたい。彼らこそが、クルマのワクワクする魅力、アメリカの顔の歴史を創ってきたからである」

「ここでは南北戦争はまだ終わってはいないのだ」。一九七五年一一月、経営不振の代理店(ディストリビューター)を買収し、ニッサン・フォークリフトの現地法人社長として赴任した岩田公一は驚いた。ケンタッキー州メイフィールド、人口一万人、スーパーとレストランが数軒あるだけの田舎町。オフィスを三〇〇マイル北、ミズーリ州のセントルイスへの移転話に、従業員は猛反対した。

「あそこは北軍の町、彼らと一緒に働くのは嫌だ、辞めたい」。結局、オフィスは二〇〇マイル南、テネシー州のメンフィスへ移した。それから二〇年後、一九九五年五月、片山の元に米国ニッサン社長時代の秘書、ジョニー・ゲイブルから招待状が届いた。

「Zカークラブの二五周年記念大会をこの夏、アトランタで開催するので、是非出席してほしい。」記念行事の構想はサンディエゴZカークラブの「デーヴ・ドレイパー」が提案した。彼は現地調査に二年、連絡と確認に費やした。

「アメリカ合衆国をキャンバスに、Zを描く」。

フォード、GMの創立者・デュラント、キャデラックとリンカーンを創ったリーランド父子、ダッジ兄弟、オールズ、シボレー、クライスラー……アメリカ自動車史の英雄達。キース・クレインは、アメリカ自動車の一〇〇年に貢献した「一〇〇人の功績者」の中に二人の日本人、「ユタカ・カタヤマ」、「カズオ・ナカザワ」(ホンダUSA初代社長)を選んでいた。

出発は「ソルトレイクシティ」、ルート80で東に「フィラデルフィア」、そして斜めに大陸を横断し西へ「ロスアンゼルス」、ルート20で今度は東に。ゴールの「アトランタ」念行事が組まれていた。期間二ヵ月半、全長一万マイル、一二五周年にちなみ、Zカー支部のある二五都市をつなぐ、会員達はそれぞれの区間を、土日を利用し、愛車を運転し「Zカーパレード」に加わった。

参加台数は延べ一八〇〇〇台に達した。

デーヴ・ドレイパーのデザインしたのは「大いなる旅路(グランツーリスモ)」だった。

Zカーは、アメリカのサイズにジャスト・フィットした「G・T」だった。

T型フォードが、「点」と「点」を「線」に結び、そして「面」に広げ、「アメリカ合衆国」を作ったクルマとすれば、二四〇Zは「南」と「北」との距離を短くし、「南北戦争」を終わらせたクルマに違いない。これこそがZカーの特徴なのだ。T型フォード、フォルクス・ワーゲン・ビートルにも、キャデラック、リンカーンの大型車にも、そしてジャガー、ポルシェのスポーツカーにもないものだった。

Zカーは、ロングドライブにも故障の不安がなく、スタンドのない無人の原野を走っていても予期せぬガス欠の心配がなかった。都市とその近郊にとどまらず、アメリカ大陸を南の端から北へ、西の端から東へと、仕事の半径、人々の交流の輪を広げていったクルマだったのだろう。

五月一三日「ソルトレイクシティ」を出発、七月二五日「アトランタ」にゴール。最後は三〇〇台、五〇〇人が集合、「マリオット・ギネット・パレス」で記念集会バーベキューパーティーが開かれた。「ミスターK」の紹介に会場の全員が興奮し総立ち、スタンディング・オベーション、歓喜の歓声と拍手はいつまでも終わりなく続いた。片山の生涯に、こんなに熱烈な大歓迎は初めてだった。

アメリカを離れ、あの日から二〇年も経っていたのに……。

集まったファン達は、苦労を共にした昔の仲間達ではない、彼らの子や孫達の世代なのだ。祖父に聞き、父が語ってくれた、あの伝説上の人物、「ミスターK」、「Father of Z car」に会って共に語り、握手も出来たことに歓喜していたのだ。「ZCCA」(アメリカ Zカークラブ)会長の「マッド・マイク」、Zカーパレードを企画した「デーヴ・ドレイパー」二人とはアトランタで会ったのが初めてだったのに、まるで親しい仲間との再会のようだった。

日本とアメリカ、友好親善一五〇年の歴史、こんなに歓迎された人は、これまでにいただろうか。ミスターKの笑顔、誰をも分け隔てなく接する素直な態度、「Love car, Love people, Love life」のモットーが人種・性別・職業・年齢を超えたアメリカ人の共通分母。それが片山と彼らとを結ぶ絆に

なっていたのだ。

アメリカ人誰もが愛し、最も誇りに思うもの、それは野球と自動車。この二つには「殿堂」がある。

「野球の殿堂」にはベーブルース、ゲーリック、ディマジオ、伝説の巨人達がいる。

「自動車の殿堂」には、米国の英雄達と共に、独のダイムラー、ポルシェ、オペル兄弟、英国のF・ロイス、仏のプジョー、シトロエン、伊のフェラーリ、ブガッティ、日本からは本田宗一郎、豊田英二、田口玄一が殿堂入りしている。片山豊は、一九九八年一〇月、四人目の日本人として栄誉に列なった。

キース・クレインは、片山の殿堂入りを『オートモーティブ・ニュース』に紹介している。

『素晴らしき時代』

ミスターKにお会いした。米国自動車殿堂入りのため、ミシガン州ディアボーンに来ていたのだ。

片山豊氏が八九才になったこと、一九七七年に日産を退社したこと、私には信じがたかった。彼はアメリカに素晴らしい遺産を残してくれた。彼は殿堂入りするのにふさわしい人物である。

私が初めて会ったのは、彼がダットサンをビッグブランドにしようとしている時だった。日産が若いやり手ではなく、五〇才の経営者を派遣してきたことに違和感があった。

しかし彼は上司に従順ではなかったし、本社がもう彼に悩まなくてすむと考えれば納得がいく。

アメリカではダットサンがたくさん売れるはずがないと思っていたのだ。

日産はミスターKを知らなかったのだ。

最初はピックアップ、そしてセダン。一歩一歩、彼はダットサンをビッグブランドに育てていた。

私の記憶が確かなら、彼が退職する時には、年間五〇万台のダットサンを売っていた。

彼がアメリカに来た時は、わずか数百台に過ぎなかったから、それはとてつもない数字だった。

片山氏は二四〇Zの成功で知られている。

二四〇Zは素晴らしいスポーツカーで、ダットサンを有名にしたクルマだ。

彼は本社に話をつけ、アメリカでは日本名（フェアレディ）を使わなかった。

もしフェアレディならば、同じように成功したかどうか、私は疑問に思う。

ミスターKは、五一〇のように数字を使うことに決めていた。

そのやり方は、今日のドイツの会社の慣習となる、それは日産が放棄したものだった。

ミスターKがアメリカに来てすぐ、彼は自社の販売網が必要なことを認識していた。

彼は、第一歩からはじめ、強力な販売システムに築いていた。

彼はディーラーをひたすら大切にした。ディーラーの人達をファースト・ネームで呼びかけた。デ

ィーラーも彼に応えて、ダットサンを大いに売った。みんなが大成功したのだ。

彼は殿堂入りをした、八九才、彼のモットーは変わっていない。

235　七　片山豊

『クルマを愛し、人を愛し、人生を愛す』

一〇　いつの日か再びダットサンを

東京・自由が丘にあるビル「ユレカ」。ここに、ミスターKのオフィスがある。

二〇〇三年九月一五日、ミスターK、九四回目の誕生会。特製のバースデーケーキのカット、花束贈呈、長期休暇をとり、アラスカで鱒釣り中のハルバースタムからお祝いのメッセージも届いた。伝達者はニューズウィーク東京支社の髙山秀子さんからだった。

「なんと、光と翳(かげ)のおりなす人生、なんと、物語りにみちた経歴、そのきらめきの結晶があなたの仕事。かがやきはニッサンを成功に導いたことではなく、クルマの本質をスポーティーなものに変えたこと。そして、それ以上に光彩をはなつと私が思うのは日米に夢を実現する人達の橋を架けられたことなのだ……。

　　　私の愛と賛美をあなたに

二〇〇三年九月一五日　デビット・ハルバースタム」

これはミスターKの人生、最高の賛辞に違いない。

「カルロス・ゴーンの登場」は、一九九九年六月二五日、ニッサンの株主総会だった。七台のテレビカメラがニッサン本社の玄関口に集っていた。

取締役に選任されたカルロス・ゴーンがメモを取り出し、日本語を読み上げた。

「私はルノーのために、日本に来たのではない。今のままでは、ニッサンは立ち行かなくなる。コストを下げ、収支を改善することが必要だ。経営者の使命は魅力あるクルマを市場に送り、ブランドアイデンティティを確立すること。私はニッサン再生のために日本に来たのだ」

言葉に過不足がなく、起承転結のリズムが良い。彼は「経営のプロフェッショナル」だった。

ミスターKがゴーン社長に会ったのは、来日、半年後の一九九九年九月二八日。場所はニッサン本社、二人はランチを取りながら語り合った。ゴーン社長の話はフランクで率直だった。

片山 「ダットサン・ブランドを復活して欲しい。Zカーの復活をお願いしたい」

ゴーン 「私の使命は、ニッサンの再生にあります。ダットサン復活はそれに競合します。いずれはあ

りえるかもしれませんが」

片山「ダットサンの件はわかりました。Zカーはいかがでしょう。Zカーはフラグ・シップ、その復活はニッサン再生のメッセージになるのです」

ゴーン「Zカーの価値は認識しています。私の好きなクルマなのです。Zカーの復活は約束します」

片山「発売はいつになりますか?」

ゴーン「ウーン、二〇〇二年かなあ……」

片山「価格はいかほどに? 米国でZカーが売れないのは、ツインターボ、四万ドル、フェラーリのような高級・高価なスーパーカーにしたからなのです。Zカー本来の市場は健在です。ぜひ手の届く価格帯に、二万ドルでいかがでしょう」

ゴーン「それは安すぎる。三万ドルではどうかな」

片山「その中間の二万五〇〇〇ドルならば」

ゴーン「ウーン、もう少し、二万七五〇〇ドルあたりなら」

片山は、その日の感想をこう語った。

「打てば響き、言葉に飾りや無駄がない。彼は正直、信用出来る男だ。クールだが冷たくはない、むしろ温かい人だ。今日を重視し、しかも明日のことも考えている。戦略眼を持った経営者だ。クルマ

238

のことを実に良くわかった社長だ。それがニッサンには何よりも素晴らしい」

そして、片山は「ルノーから、実にいい男が来てくれた。彼ならきっと、ニッサンを再生してくれる。レイ・ホーエン、カルロス・ゴーン、私は二度までもルノーから来た男に助けられた」と、折に触れ話した。

ゴーン社長は、Zカーの復活、発売の時期も価格も、ミスターKとの約束を守った。

新車のデザイン・仕様は、発表近くまで伏せられる。しかし、Zカーは違った。ゴーン社長は、二〇〇一年一月の「デトロイト自動車ショー」、発売の一年半前に、Zカーの試作車を登場させたのだ。

工場閉鎖、系列の解体、ゴーン社長はニッサンの赤字体質を改革、経営収支を改善した。しかし、これは戦闘準備のレベル、戦いの主戦場は自動車の大市場、アメリカとなる。しかも、輸入車のトッププブランドだったダットサンの栄光は昔の夢物語。魅力ある商品が少なく、価格を一〇〇ドル安くしないと売れない、ニッサンは不振を極めていた。ブランドイメージが低下し、アメリカのユーザーは日産車を買う意味を掴めずにいたのだ。

「戦略は、シンプルにしてインパクトあるメッセージがベスト」

「Zカーを復活する、日産は復活した」

このメッセージでユーザーが再び戻り、機能を停止していたニッサンの組織と人が動き出したのだ。

自動車アナリスト「マイケル・ロビネット」は、その週のニューズ・ウィークに語っている。

「ニッサンのルネッサンスは、Zカーからはじまるだろう。復活の先導には、Zカーのようなオーラを放つクルマが必要なのだ」と。

ミスターKとゴーン社長、日本とアメリカ、モーターショウやZカー発表会、Zカーファンクラブの集い。二人は分担し、時には一緒に姿を見せた。

「第三段階を象徴するクルマといえば、何といってもフェアレディZです。Zこそがニッサンの再生の象徴といえます」。ゴーン社長は『文藝春秋』、二〇〇三年八月号に語っている。

ミスターKへのニッサンの報酬は、ナンバーが二三の「Zカー一台」と「アドバイザー 片山豊 日産自動車株式会社」と書かれたニッサンの「名刺」が一箱。

ミスターKにふさわしい、とても素敵なプレゼントだった。

「ダットサン」は、その後どうなったのだろう。

二〇〇二年二月三日、ナショナル・プレスセンターでの記者会見。ゴーン社長の話が終わり、テレビレポーターが質問に立った。

「あなたはZカーを復活させた。それでダットサンについてはどうお考えですか」

「ダットサンがニッサンに次いで知られた名であることは事実だ。今も、ニッサンはダットサンの

権利を保有している。

それを、将来使うかって？　それは確かなことだ。どのように、いつ……今作業中としか言えない。

ダットサンの名前にブランド価値（エクイティ）があることは知っている。

重要なことは、ダットサンが我々の大切な継承物ということ、それは資産価値のあるものになるだろう。

れを最高のカタチで使うだろう」

「GREAT！」

片山は、ゴーン社長の記者会見での発言を、サインペンで太く丸で囲み、喜びの心境をこう表現した。「HERITAGE」には「後世に傳える可き価値ある遺産、継承物」と訳も書き添えて、一枚のコピーを送ってくれた。

「GREAT！」は「なんと素晴らしいこと！」とでも訳せば良いのだろうか。片山にとって、「自動車殿堂入り」、「Zカーの復活」よりも嬉しいニュースだったに違いない。

ダットサン・ブランドが、破棄されてから二八年余。片山は「ダットサンの復活」を訴え続けてきた。誰もいない砂浜、暗い海に向かい、一人叫んでいる心境だったに違いない。

「救助活動に向かう。只今、準備中」。真っ暗な海の彼方からの信号、これは二八年余、待ちに待っ

241　七　片山豊

たものだった。

片山は、ビルの名を「ユレカ」にするほど、少年時代から「アルキメデス」に傾倒していた。

彼は、現代のエンジニアの始祖とも言える、哲学者というより科学者であり技術者だった。アルキメデスは「浮力の原理」の他にも、「梃子の原理」、「滑車」、「南蛮輪」、「ポンプ」を発明している。日本との関係も古い。江戸時代の佐渡金山ではポルトガル伝来のアルキメデスのポンプは、螺旋形の中空の筒を回転し、地下水の汲み上げに使われていた。

アルキメデスは友人に「梃子の原理」を問われ、「私に立つ場所さえ与えてくれれば、私は地球をも動かしてみせる」と答えた。

「どのように、いつ」

片山は、ダットサンの今後について、ゴーン社長とニッサンの若い人達に期待している。クリーンエンジン、CO^2の削減、新エネルギー対応……ニッサンの前途には、いくつもの困難が立ちはだかるだろう。それらを動かす「テコ」に、ダットサンがなって欲しいのだ。

今こそ、ダットサンがニッサンの確固たる「根」ルーツと、いつまでも自由に大空を飛翔する「翼」ウィングスになって欲しいと……。

242

おわりに

私とミスターK、「ユタカ・カタヤマ」との出会いは、阪神大震災と地下鉄サリン事件のあった、一九九五年の五月、ニッサンの新車発表会の会場だった。

身長一七五㎝・一〇五㎏の巨漢、白髪に白のセーター、濃紺のブレザー。伝説上の男は、北の荒海、海の潮風を長年の友として生きてきた老船長のようだった。九〇年の人生に柔らかくもまれ、白く晒（さら）されたような笑顔がとても素敵に思えた。

「片山豊は、会社経営を批判するニッサンの反逆者」。

私は、この烙印（らくいん）の前後の事情と真相を本人に直接聞いてみたいと思った。

この年、私はプリンス自動車からニッサンへ、二つの会社で三三年間勤め、会社の定年を迎えた。

「ないと、何かと不便だろう、君に名刺を作ってあげよう」。それは、「アカデミア・ユレカ」スタッフの名刺だった。ギリシアの哲学者・アルキメデスの歓喜の雄叫（おたけ）び「ユレカ（ワレ発見セリ）」に由来する。アカデミア・ユレカは、自由が丘二丁目、片山さん所有のユレカビルにある勉強会の名前で、B・C三八七〜A・D五二九までアテネにあった世界最古の学校、自由な議論を愉しむ場だった「プ

ラトンのアカデミア」をお手本にしている。

「ダットサンの物語を書いてみないか」

五年前のある日、片山さんは、そのメインテーマをこう語った。

「昭和一〇年四月一二日、横浜の地にニッサン入社のその日、ダットサン一号車がオフラインし、日本の近代工業の歴史が、この日、スタートした。私は、ダットサンとの出会いに、何か運命的なものを感じた。歴史を物語る紋章、ニッサン社員の誇りだったダットサン。アメリカでは、若い人達の憧れであり、子供達までも知っていたブランドだった。その後、この大切な継承資産を消し去ったのは許しがたい愚行である。市場(マーケット)の混乱、販売店(ディーラー)の反発、ユーザーの動揺、ダメージは計り知れない。最近の社長は、クルマの歴史を知らず、自動車会社の社長とは思えないのだ。アメリカでは今も、一〇〇万台以上のダットサンが走っている、そのアメリカの人達から『ダットサン・アゲイン(ヘリテージ)』という声が来ているのだ」

その日の夜、私の耳に囁(ささや)く声が聞こえた。

「引き受けるのです。片山さんの期待に応えるのです」

その声は祖母のように思われた。

私の生まれと育ちは北海道である。祖母は、幼い私によく物語を聞かせてくれた。

祖母が語るのは、夜明け前の森に斧を入れた祖父のこと。北国の雪と風、寒さに耐え原野を開拓した男達の物語。しかし彼らは北の国の夜明けと共に、森の奥へと消えていき、祖母のような語り部もいなくなった。

祖母の声に背中を押され、私はダットサンをめぐる七人の男たちの物語を今に伝えるべく、本書を書くこととした。

二〇〇九年八月一八日、ニッサン本社は創業の地、横浜に移転した。

「去年今年　貫く棒の　如きもの」

この高浜虚子の句のように、快進社とニッサンの歴史、日本とアメリカの自動車工業、東京と横浜の二つの都市を貫く棒のような物語になれば幸いである。

執筆にあたり、岡崎市市史編纂室　尾崎和佐さん、横浜市市史編集室　曽根妙子さん、ゴーハム夫妻の墓地を守っておられる齋藤寿賀子さんとご子息の襄一氏、など、多くの方々にお世話になった。参考文献としていつも傍らに置いていたのは、お二人の本である。

『自動車』、『世界の自動車』(奥村正二、岩波新書)

奥村正二氏はニッサンOBであり、技術史、産業史の大先達、氏の岩波新書の著作には『火縄銃から黒船まで』、『小判・生糸・和鉄』もある。

『昭和のダットサン』、『ダットサンの五〇年』（小林彰太郎、二玄社）小林彰太郎氏は、ダットサンを生涯の研究テーマの一つとされている。ダットサンの経歴と写真、仕様と図面の全てをこの本に見ることが出来る。

また、刊行にあたっては片山豊氏に監修をお引き受けいただき、ご子息の片山光夫氏にアドバイスを頂戴した。その他ご援助くださったたくさんの皆様に、心より感謝を申し上げる。

著　者

新訂版刊行に当たって

『ダットサンの忘れえぬ七人』は、初版が刊行されてから七年が経ち絶版となり、監修者であった夫、片山豊も全世界におけるダットサンの復活を願いつつ二〇一五年二月に老衰のため百五歳で亡くなりました。

夫が生前愛した自動車とモータースポーツの写真や資料、自身が描いた絵画などは膨大で、整理は中々はかどりませんが、その一部を公開するために「片山豊記念館」を、自由が丘ユレカビルに設立することといたしました。

記念館設立の一環としてこの本を再度世に出し、ダットサンに過去関わり、あるいはこれから関わるであろう方々に読んで頂くことは夫の望みであり、それは今も変わらないと考えます。

新訂版の刊行に当たっては、著者である下風憲司様にお願いし、初版で調査しきれなかった部分などを再度ご検討いただきました。

ここに篤く御礼申し上げます。

二〇一七年九月

片山正子

著　者　下風憲治（しもかぜ　けんじ）

昭和三(一九二八)年　北海道室蘭市生まれ。北大法学部卒。プリンス自動車工業に入社。その後合併により、日産自動車で三三年間、教育・人事・調査・広報を担当する傍ら、『日産自動車史』や『日本自動車産業史』などの編纂を担当した。

元　スターコミュニケーションズ常勤監査役

『いつかこの土地は花に満ち』橋本増治郎伝の著書あり。

監修者　片山　豊（かたやま　ゆたか）

明治四二(一九〇九)年　麻生誠之の次男として静岡県周智郡気多村で生まれる(現浜松市)。湘南高校を経て慶応義塾大学・理財科専攻卒。一九三五年日産自動車入社。一九三六年片山正子と結婚、片山姓となる。一九六〇年渡米、六五年米国日産自動車社長に就任。一九七七年米国日産退任、帰国。一九九八年米国自動車殿堂入り、二〇〇八年日本自動車殿堂入り

『Zカー』光文社（財部誠一氏と共著）

『フェアレディZストーリー』三樹書房（共著）などがある。

平成二七(二〇一五)年逝去。

ダットサンの忘れえぬ七人
設立と発展に関わった男たち

二〇一七年一〇月一六日　新訂版　初版発行

著　者　下風憲治
監修者　片山　豊
発　行　片山豊記念館
発行者　片山正子
発売所　三樹書房
電話　東京(〇三)三二九五―五三九八
東京都千代田区神田神保町一―三〇　〒一〇一―〇〇五一
URL　http://www.mikipress.com
印刷・製本　中央精版印刷株式会社

© Kenji Shimokaze / MIKI PRESS 2017

※　本書の一部あるいは写真などを無断で複写・複製（コピー）することは、法律で認められた場合を除き、著作者及び出版社の権利の侵害になります。個人使用以外の商業印刷、映像などに使用する場合はあらかじめ小社の版権管理部に許諾を求めて下さい。

落丁・乱丁本は、お取り替え致します